海派賞石大观

上海市观赏石协会 编

上海人民美術出版社

《海派赏石大观》编委会

（按姓氏笔画排列）

王永奎　王贵生　王万东　史解源　朱晓华
刘志成　陆建新　陈时红　杜海鸥　陈慧琴
张　旭　范垦程　柳国兴　俞　莹　施刘章
赵德奇　钟陵强　高　琦　徐文强　徐林林
宦振宏　童世根　蒋仁康　裘伟明

编委会主任：徐文强
副　主　任：杜海鸥　俞　莹

主　　编：俞　莹
副 主 编：钟陵强　裘伟明
编　　审：戎鸿杰
装帧设计：伊德奎
电脑制作：张婷婷
摄　　影：童世根等

序

上海市观赏石协会第七届理事会成立伊始，就有一个强烈的愿望：编撰一部反映海派赏石历史和现状的图籍。起初拟名《海派赏石大典》，认为这样很有精英风范，但在实际征稿过程中，总感觉条件还不成熟。而当我们终于换了一种思维，提出改名为《海派赏石大观》时，顿觉思绪豁然。虽一字之变，却拓展了海派赏石艺术“有容乃大”的胸怀。

上海广泛的群众性赏石活动，幸有海派文化的浓郁熏陶，又吸纳了全国乃至世界范围的大量赏石信息，从而集藏了来自各个奇石产地的丰富品种，融汇了古今中外的艺术智慧。经过一代又一代爱石者在理论和实践上的不懈努力，终于在东海之滨的上海，构筑起了一座璀璨的海派赏石资源宝库和精神殿堂！

为此，我们在整个编撰过程中，既尊重传统文化的溯源，又着力对赏石艺术创新发展成果的总结，并注重对海派赏石理念和内涵的凝炼。这些都体现在“海派赏石概述”的篇章中。

《海派赏石大观》的编撰，力图站在上海地区赏石艺术发展的历史高度上，既体现海派赏石在演绎发展过程中的典型事件和典型人物之重要作用，更看到广大爱石者群体是推动上海赏石活动的主体力量。为此《海派赏石大观》特设了“赏石感悟”专栏，入选的众藏家在“赏石感悟”中的鲜活语言，或质朴、或诗意，所提炼出的都是每位藏家的爱石人生。藏石鉴赏文章撰写也是“百花齐放”，有“素言赏石”、“诗词赏石”、“哲思赏石”等类型。

相信本书的出版，将是对一段精彩纷呈的海派赏石历史的回顾和总结，它将会唤醒每位爱石者的赏石初心。

海派文化的核心是“海纳百川，创新发展”。通过本书的出版，我们将继续发扬海派赏石的优势和特长，与中外石界保持更广泛的交流与合作，不断为赏石艺术补充新的精神内涵；我们将继续深入进行赏石理论的研讨，在国家繁荣民族优秀文化方针的指引下，把握好上海石协赏石活动的正确方向，让赏石艺术更好地融入都市民众的文化生活。为弘扬社会主义核心价值观，实现中华民族伟大复兴的中国梦，作出应有的贡献！

上海市观赏石协会会长　**徐文强**

目 录

封面

《神仙鱼》　广西彩陶石

105×105×49cm

原缘源　收藏

封底

《喜从天降》　内蒙沙漠漆

18×16×28cm

陈时洪　收藏

封套封面

《凤凰传奇》　葡萄玛瑙组合

30×65×20cm　50×55×22cm

高　琦　收藏

封套封底

《灵珑璧》　安徽灵璧石

98×198×73cm

朱晓华　收藏

概 述

俞 莹 裘伟明

赏石文化起源于中国，历经上千年沧桑岁月。虽经几度沉浮，但却不断吐故纳新、推陈出新。尤其是进入二十世纪八十年代以后，华夏大地的群众性赏石活动演化成了蓬勃发展的文化现象。赏石艺术被国务院公布在第四批国家级非物质文化遗产代表性项目名录之中，这标志着赏石艺术正式成为中华优秀传统文化艺术的重要组成部分。

随着赏石群体的日益壮大与新石种的不断开发传播，各地依据自身的自然资源、文化资源等优势，结合本土文化形成了各具特色的赏石风格和赏石流派。“海派赏石”就是其中极富典型性的赏石流派，业已成为当代赏石界耀眼的文化景观。

一、海派赏石之渊源

所谓海派赏石，是指在上海地区产生和流行，并推而广之影响到国内其他地区的一种艺术流派和风格，它既依托于海派文化．又具有很大的开放性。所谓海派之海，既可以理解为上海，更可以解读为大海。海不辞涓滴，故能成其大。

海派缘起 文化溯源

海派赏石从属于海派文化。一般来说，区域文化都由当地的地理人文环境所决定，上海地处东海之滨、长江出海口，历史上远离封建朝廷和政治中心，这就使得她的基因里具有了不受羁绊束缚的元素。而且它位于吴越之间，非吴非越，春秋时期属吴国，战国时期先属越国，后属楚国。历史上辖内曾经分属过江苏、浙江两省。所以具有边缘性的特点，即它的区域文化归属不明确，所以就没有了地域的包袱和束缚。

上海凭借优越的门户地理位置，从开埠之时起就敞开了“海纳百川”的宽广胸襟。上海，比中国任何一座城市更容易接受外来文化，融入外来文化，同时又以本地文化影响外来文化，从而形成了跨地域的城市文化形态。

海派之说，起源于京剧和国画，发端于清末民初，其要旨是走出传统，推陈出新，雅俗共赏。海派作为艺术流派后，很快从国画、京剧延伸至电影、小说、美术教育等领域，乃至社会风尚、生活方式。积而久之，便有了海派文化的概念。

上海城市文化具有的自身特质，形成了一种所谓古今融汇、内外兼容的海派文化。

海派文化的最大特质是包容性，因为包容，也就有了多元。但无论如何，吴文化、越文化，或者说吴越文化对她的基因都有一定的影响。近代开埠以后，中外杂处，西方各种现代生活方式、价值观念、艺术思潮被不断引进并吐纳。由此，荟萃古今、横贯中西的开阔视野，让上海更增添了与西方从容对话交流的自信和优势，市民素质也得到了极大的提升，由此奠定了海派文化的底蕴和风格。可以说，传统与现代、东方和西方的糅合和融合，在海派文化形成过程中一直是起到决定性作用的。

海派文化既有吴越文化（江南文化）的细腻雅致，又有西方文明的现代时尚，具有开放而又自成一体的独特风格。海派文化的基本特征具有开放性、创造性、扬弃性和多元性。自然而然，浸润其氛围中的海派赏石所形成的自身风格，也是与海派文化一脉相承。上海的藏石水平和赏石理念有其独到之处，而且目前已经超越了地域概念，成为一种跨地域的文化现象。

赏石传统　薪火不灭

作为一座国际化的大都市，上海城市的历史文化底蕴非常丰厚。值得一提的是，在 1843 年上海开埠之前，松江曾经是上海地区的政治、经济与文化中心，是上海历史文化的发祥地，也是上海古代赏石文化的渊源所在。元明以来有关赏石文化活动的文献和实物层出不穷。

以元末为例，杨维桢、钱惟善、陶宗仪等一批浙江文人为避战乱迁移松江九峰三泖地区，常常聚会泛舟吟诗。史学家、文学家陶宗仪在此构筑“南村草堂”，著有《南村辍耕录》（亦名《辍耕录》），首次绘录了南唐李后主的那方后来归米芾收藏的《宝晋斋研山图》，成为了重要的图像佐证。他还将前人的笔记、小说辑录为《说郛》（100 卷）传世，其中《渔阳公石谱》就在其列，这也是所谓米芾“瘦、皱、漏、透”四字“相石法”的最早出处所在。

元代有许多江浙书画家流寓于松江地区，如元代四大画家倪瓒、黄公望、王蒙、吴镇。还有书画家赵孟頫、高克恭、柯九思等。黄公望最负盛名的《富春山居图》长卷最后完成于松江云间夏止堂。到了明代，松江形成了书画派和文学派，赏石活动活跃于文人之间，藏石、画石、品石，蔚然成风。涌现了擅长画石的画家孙克弘（他的遗爱石“美人峰”至今尚存松江方塔园，首都博物馆等均处有其画石作品），以及古代首部画石谱《素园石谱》的问世（作者林有麟为松江府华亭县人），不少古典园林如醉白池、方塔园等至今仍存一些古代赏石遗存。这些正是海派赏石的文脉所在。

明代中后期，江南文人造园兴盛，叠石缀峰必不可少，庭院石成为赏石文化的主流。上海及附近地区大小私家园林数以百计，最著名的便是有“东南名园之冠”美称的潘氏豫园。豫园位于当时上海县的老城厢，园内假山古石众多，其中一尊太湖石玉玲珑“秀润透漏，天巧宛然”，相传为北宋花石纲遗物，被列为“江南三大名石”之一。上海地区至今仍保留很多历史传承的古石，印证了赏石文化的痕迹，如松江宋代的松华峰、醉白池明代的廉石，南翔古猗园明代的五老峰，嘉定汇龙潭公园明代的翥云峰，嘉定秋霞圃清代的米汁囊等等。这些传承有序的古代名石，玲珑剔透，集皱、漏、瘦、透之古典美韵，皆为石中上品。

上海堪称近现代中国收藏界的半壁江山，上海古玩市场发轫于清咸丰年间，清末竹枝词云：“寻常巷陌藏珍宝，半壁江山在申城。”近代上海素有“十里洋场”之称，政要、财阀、外使、商贾、文人聚集于此，二十世纪二三十年代的上海更是万商云集，国内外五花八门的藏品大量涌入，为藏家所追捧。受此影响，上海民间收藏活动也呈现出与这个近代化城市相适应的开放、多元、前沿的特点，形成了蜚声海内外，从近代延伸至当代的海派收藏。海派收藏以“人弃我取，标新立异”而著称，体现了开放性、兼容性、创造性、市场性、研究性、自创性等特征，古今交融，中西合璧。海派赏石，既源自古代赏石文化传统，也深受近现代以来海派收藏的影响。

古代赏石在近现代曾经被忽略或冷落，即使在当代的很多地区也渐趋于式微，而在上海地区却一直延续着收藏传统，一些老一辈的古董收藏家，对于古石始终带有一种古典审美的情结，矢志不移、前赴后继，弘扬着中华赏石文化的传统。其中，涌现出一些在全国知名的赏石家，如殷子敏、许问石、胡兆康、冯舜钦、董金春等人，他们便是海派赏石的先驱。

二、海派赏石之演绎

当代海派赏石地位的确立和影响，无疑有一个较长的过程。其中，专业团体和组织的活动；民间藏家和玩家的参与；赏石实践与理论的探索和创新；全国赏石氛围的影响等，共同演绎和推进了海派赏石的形成、完善和发展。海派赏石以其独特的魅力和影响力，不断推动着赏石文化的发展。

社团领军　展会助力

二十世纪六十年代初，一批玩盆景和赏石的爱好者，自发性质的在苏州和杭州等地举办盆景赏石展，引起了社会的关注。1962 年 10 月，上海市盆景协会（2003 年改名为上海市盆景赏石协会）宣告成立。这也是全国最早成立的赏玩盆景奇石的社会团体。

进入 80 年代，随着改革开放热潮掀起，全国各地赏石活动此起彼伏，观赏石被越来越多的市民百姓所喜爱和享受，赏石成为大众收藏文化的一部分，赏石社团组织也应运而生。1986 年 6 月，上海地区首个收藏组织——上海收藏欣赏学会诞生（1987 年 1 月改名为上海收藏欣赏联谊会，2004 年 7 月改名为上海市收藏协会），

1989年8月，上海收藏欣赏联谊会下属珍石专业委员会成立，杜宝君为专委会主任。1989 年 10 月，上海地区市级赏石组织——上海市爱石协会成立，挂靠上海自然博物馆，陈瑞枫为创会会长，秘书长杜继华 、钟陵强。1995 年 9 月，上海市爱石协会与上海收藏欣赏联谊会珍石专委会合并改组成的上海市观赏石协会正式成立，归上海市文化局（后改组为上海市文广影视局）主管，第一、第二届会长杨松年，秘书长钟陵强；第三、第四届会长刘建军，秘书长秦明兴；第五届会长薛云生，秘书长徐文强；第六、第七届会长徐文强，秘书长徐林林。

作为上海地区赏石界的主体力量，上海市观赏石协会历届领导班子以弘扬赏石文化和艺术为己任，努力推动着上海乃至全国赏石文化事业和产业的健康发展。目前下设 8 个专业委员会，分别为赏石理论、古典赏石、赏石座架、图纹石、小品暨组合石、现代赏石、矿化石和印章石等专业委员会。

在上海石协的积极组织和推动下，上海赏石界的展会活动风生水起，主要依托市场，包括沪太花鸟奇石市场、万春园奇石市场、岚灵奇石花鸟市场、多伦路文化名人街、中福古玩城等。许多展览活动开风气之先，在全国赏石界具有重要影响。

1993 年 9 月，上海市爱石协会在上海市工人文化宫举办了中国首届名人名家藏石展，有十八个省市，包括台湾地区以及海外藏石家参展，沈钧儒、郭沫若、梅兰芳、老舍、徐悲鸿等现代文化名人的藏石悉数在展会亮相，具有引领全国石界突破性的重要意义。

1996 年，上海市观赏石协会成立后举办的第一个石展——96 华夏观赏石博览会在三山会馆举行，吸引海内外藏石家百余人参展，展品上千件，台湾地区藏石名家也有精品参展。参展地区多、参展石种多，充分体现了海纳百“石”的新气象。

1997 年 10 月，由中国风景园林学会主办的“第四届亚太地区盆景赏石会议暨展览会”在上海植物园盛大举行，上海市盆景协会组团参加，上海市观赏石协会应邀在展区内特设“上海赏石精品展”，上海参展赏石获得佳誉。

2003 年 4 月，在上海多伦现代美术馆举办了首届上海多伦国际藏石名家邀请展，是最具现代色彩、体现与国际接轨的一次石展；2006 年 5 月，在上海朱屺瞻艺术馆举办的第二届上海多伦国际藏石名家邀请展，其参展的海外嘉宾之多、展示布局的品位之高，被公认为国际顶级展事。

2007年3月，在上海浦东“双季花艺”举办了以“一芥之末 大千世界”为主题的上海首届小品暨组合石专题展。四年以后的2011年12月，首届上海得云轩小品暨组合石邀请展成功举办，并形成系列活动，目前已成为全国公认的品牌展。

2007年5月1日，由中福古玩城主办的“2007中福杯上海著名赏石鉴赏家、盆景艺术家邀请展”在上海举行，这次展会以“继承、和谐、超越”为主题，邀请了十多位资深藏家参与，荟萃了海派赏石、盆景艺术的代表作近百件，同步出版了《上海赏石盆景精品荟萃集》，受到了赏石界和盆景界的广泛关注和好评。

2007年10月，上海市观赏石协会矿物化石专业委员会在中福古玩城举办了“首届上海矿物化石展”，这也是国内第一次矿物化石的专业展会。

2008年4月，上海市观赏石协会本着推广赏石文化、履行社会责任的主旨，提出“赏石文化进社区”，首先在广中街道进行了宣传和展示活动。其中包括实物展览、图片展示、影像播放、专题讲座、现场讲解、赏石研讨会等内容，受到当地政府领导和居民好评。之后，有多名会员以个人丰富的藏石，在区、街道文化馆作公益展出，充分扩大了海派赏石在民间的影响力。

2010年4月28日，上海万春园奇石城与上海市盆景赏石协会共同举办了第三届上海万春园中华奇石博览会暨全国首届奇石市场理论研讨会，对全国奇石市场的发展规律及市场的定位、特色、管理进行广泛的研讨，会后结集出版了论文集《奇石商道》。

这个时期上海地区的相关赏石组织上海市盆景赏石协会、上海市地质学会观赏石专业委员会及上海市矿物化石研究会等兄弟协会，均在各自领域为弘扬海派赏石文化作出了多方面的努力和贡献。

还有一些赏石企业和个人赏石爱好者，从自身优势出发组织的各类赏石活动也层出不穷，其中比较有特色的如杜宝君的“雨花石展”、王永奎的“南极石展”、陈老二的“小品组合石展”、杜海鸥的“古石展”等，多层次、多形式的石展，汇成海派赏石活动的亮丽风景。

名家辈出　百花齐放

上海赏石界不乏精英和标杆性人物。他们浸润于上海城市文化，承接着这片热土的地气，以其特有的内涵和修养、前瞻的眼光和胆识、丰富的经历和能力、独特的智慧和素质，不断为中国赏石文化尽责奉献。他们的身上体现着海派赏石的实力，演绎着海派赏石文化的精彩。

在海派赏石的传承和发扬过程中，沪上涌现了一大批有影响力的人士，如赏石收藏方面有：杜宝君、陈瑞枫、杜继华、吴浩源、吴自强、彭天皿、刘建军、徐文强、杜海鸥、姚飞、薛云生、高琦、柳国兴、王卫、陈惠琴、黄林冲、周惠德、吕焕臯、张德祥、沈国庆、朱晓华、蔡畦、徐林林、张伟义、窦春华等。他们大多建有一定规模和影响并向社会开放的奇石藏馆，如胡兆康捐赠藏石于古猗园的“顽石斋”、刘建军在奉贤海湾国家森林公园的“昆仑石屋”、吕焕臯创建的“东方地质科普馆”、周惠德创建的“恒大奇石馆”、徐文强在文庙的“博文轩”、王卫的“闻道园奇石馆”等。其中，东方地质科普馆、上海游龙石文化科普馆、顾村公园（奇石馆）、上海闻道园（奇石馆）等，还被列为上海市科普教育基地。上海柳国兴和安徽灵璧石友合作建造的“天一园”，集旅游、赏石、休闲项目为一体，成为灵璧县渔沟镇的一大人文景观。

此外，还有数以百计的私人家庭式（上海市观赏石协会在20世纪90年代曾先后命名了一批“家庭藏石馆”）或专类的奇石藏馆，其中，有一定规模和知名度的有陈瑞枫和周文秀夫妇的“文风奇石藏馆”、杜宝君的“雨石斋”、杜海鸥的“顽石斋”、徐林林的“琳琅轩”、朱晓华的“天一石馆”、高新村的“海岳石园”、高琦的“得云轩”、张伟义的“小老张”、窦春华的“原缘源”等。

沪上在赏石理论研究方面颇有建树的人士如：顾鸣塘、俞莹、梁志伟、徐文强、王贵生、赵德奇、裘伟明、王永奎、林志文、刘志成、陆建新、蒋仁康、范垦程等人。

沪上在赏石市场开拓方面较有作为的人士如：陈源、陈祥、高新村、堵盘根、王万东、沈道林、张云财、李大刚等。

沪上在赏石艺术作品方面富有创意的人士如：高新村、徐文强、杜海鸥、赵德奇、姚飞、徐国栋、章国江、秦明兴、陈金财、赵钟慎、倪国强、陈时洪、王国祥、史解源等。上海市观赏石协会还在 2014 年为吴浩源、钱自良、蔡畦、周明章、章国江等 15 位 70 岁以上的资深会员石友颁发了“终身荣誉会员”证书。

上海地区赏石界对赏石的底座、几架的创新研制，也达到了融会贯通、推陈出新、别开生面的境界，成为各种赏石底座制作流派的一个竞技场和交流平台。精通传统赏石配座并有创新意识的人有马祖根、高新村、徐文强、杜海鸥等；擅长赏石创意底座的有秦明兴、陈时洪、王国祥、彭万里、马立飞、顾铁军等（这其中还产生了两位赏石底座制作的高级工艺美术师：陈时洪和王国祥）；章国江的小品微型赏石博古架组合设计还获得了大世界吉尼斯纪录。

理论求是　建树颇丰

倡导文化赏石是上海赏石界的一个闪亮点。人才辈出的上海赏石家队伍有着深厚的文化底蕴和较高的艺术素养，他们知性地站在海派文化审察的高度，对赏石文化进行理论探索、哲学升华。在无数次心得交流与观点碰撞的过程中，逐渐形成了较为丰富详瞻的海派赏石理论。他们理论联系实际，所述所论言之有物，而且深入浅出，言简意赅。他们对赏石文化的历史和现状，或溯源钩沉，钻研传统文化；或洋为中用，借鉴时尚理念；或科学考评，阐发格物致知；或面向大众，普及赏石知识，充分体现了精明而讲求实效的上海人性格。多年以来，他们就观赏石的定义及分类、价值与价格、资源与市场、鉴评与赏析等方面做了悉心研究；还就海派赏石文化的内涵、历史和发展方向，以及关于观赏石艺术的美学审视，海派赏石的社会影响和人文情怀，奇石与其它艺术门类的借鉴关系等诸多理论课题进行了有益探索。涌现出了一大批赏石、鉴石、写石、论石颇有造诣的撰稿人，引领着海派赏石文化艺术的前进方向。

上海地区的赏石社团或个人创办了不少报纸、杂志、网站，出版的书籍、画册也是层出不穷，汗牛充栋，在全国乃至国际赏石界都具有重要影响。1990 年，上海石协创办了国内第一份四开赏石专业报纸《石趣》，2001 年改为彩版《上海石报》，又于 2011 年底升格为《海派赏石》杂志，并且创办了协会网站“海派赏石”。国内知名刊物《收藏》在 2002 年第 5 期选刊了一组《上海石报》发表的“石稿五题”，推介《上海石报》为藏石界民办专类报中办得较好的一种。2005年初，上海昆仑（国际）赏石俱乐部和国际盆景协会（BCI）共同创刊《环球赏石盆景》杂志（中英文对照季刊），在国际赏石盆景界具有重要影响。此外，民办的《中华奇石》报以及中华奇石网，在传播石界信息上发挥了积极作用。依托会刊和有关传媒平台，上海市观赏石协会有关成员进行了一系列有益的理论研讨，向海内外石友宣传赏石文化的一些重要命题和课题，许多研究成果都得到了业界的共鸣。

在近三十年的赏石历程中，许多的赏石爱好者、赏石理论研究者著作丰硕、成果累累。例如：顾鸣塘著《华夏奇石》，陈瑞枫、俞莹编《中华古奇石》，俞莹著《奇石赏玩》、《观赏石投资与收藏》和《玩石指南》等书，钟陵强编《中国历代观赏石精品100件赏析》及与黄俭合编《中国当代藏石名家名品大典》，与丁荣铨合著《石魂天华》、《天公妙品》，梁志伟著《奇石门》和《赏石密码》，王贵生著《中华古奇石大观》、《嘉定观赏石选》、《园林古石》、《奇石纵横——中外观赏石收藏与鉴赏》等，张伟义主编《自然造化——嘉定区中华奇石精品收藏展》，高琦主编的《一芥之末　大千世界》“得云轩小品暨组合石邀请展”系列画册，孟祥振、赵梅芳编著《观赏石鉴赏与文化》，卢保奇编著《观赏石基础》，张庆麟编著《奇石鉴赏与收藏》，吕耀文著《石道——奇石形式的创建与解析》，唐大璋著《石魂——唐大璋藏石》，沈丽雅和夏肇明编著《发现的艺术——中国观赏石品鉴与收藏》，蔡畦著《赏玩雨花石》，吴浩源编著《奇石》，蒋顺元编著《他山之石》、《石话西游记》和《石颂红军》，陈洪法编著《品石吟风》，章国江编著《微观艺术、神韵万千——章国江组合石艺术作品集萃》，金三益编《金石缘》，陈鸣著《月影石上、悠悠我心》，刘志华编著《奇石鉴赏》等。

经历二十多年的磨练和砥砺，海派赏石界已构建了坚实的理论群体。徐文强是国家观赏石鉴评师培训班的辅导教师，曾在众多媒体、刊物上发表过具有前瞻性的赏石论著如《发现、创作、鉴赏——观赏石艺术的三度深化》和《对赏石形质纹色韵、命题配座的认识和理解》等。俞莹曾参加了《中国石谱》部分章节的编撰工作，编撰了多本赏石书籍，在众多刊物、媒体发表了许多文章，具有一定的赏石理论造诣。经常在有关赏石刊物、媒体发表文章的还有梁志伟、赵德奇、裘伟明、王永奎、林志文、刘志成、陆建新、蒋仁康、沈建民、范垦程、钟陵强等。他们通过各种赏石活动和文化交流，抒发创新的赏石理念，为推动中国赏石文化艺术的繁荣做出了应有的贡献，不少命题开风气之先，在海内外赏石界产生了较为深远的影响。

2013年6月，上海影卓文化传播有限公司与沪上赏石界共同打造《赏石传奇》系列电视专题节目，访谈了近30位海派赏石界知名人士，他们在访谈中各具特色的赏石人生和感悟，由“看看新闻网”和其他相关电视媒体播出，在全国取得很大反响。

三、海派赏石之内涵

海派文化，具有鲜明的特点与个性，比如开放性、创造性、扬弃性和多元性，其充分表述了上海地区广泛的社会人文意志。

海派赏石，是指上海地区产生和流行的赏石艺术流派和风格。它既立足于上海，又具有很广远的影响力。

弘扬传统　历久弥新

赏石，首先是社会化的群众性收藏或娱乐活动，而后提升为一种艺术行为的文化现象。海派赏石的文化基因根深蒂固，可以用弘扬传统，历久弥新表述。

现代赏石文化根植于传统赏石文化基础之上，传统赏石主要的载体是园林庭院奇石置景、古代文人的案供奇石，主要理念是古典赏石及相石法则，以及历史上赏石家的著书立说等。现代海派赏石是站在前人肩膀上的与时俱进。

传世古石和古典赏石理论是赏石艺术的历史遗存标记，属于中华非物质文化遗产。古人以灵璧石、太湖石、英德石和昆山石（四大传统名石）为主打，以“瘦、漏、透、皱、丑”为赏石法则，并隐喻人文精神传承至今，仍为海内外赏石人士所奉为宝典。

对于跻身古董之列的古石之收藏、流通与研究，一直为当代海派赏石人所崇尚，其收藏人数，或收藏及交流的古石数量，在国内可以说是首屈一指。

赏玩古石，要鉴别石种产源、题刻新旧、配座年代、传承关系、真伪考证。海派赏石人出于入骨的石崇拜情怀和对古典赏石文化的深入研究，对古石具有很强的识别能力。今天，古典赏石爱好者自觉担当起了继承传统文化历史使命，并以其深厚的艺术鉴赏功底使其发扬光大。这就是为何传统赏石在其他地区趋于式微的情势下，在上海却得到传承的原因。

上海没有奇石资源，却有非常活跃的赏石理念，不排外、不媚外，以其特有的文化禀赋，把赏石艺术搞的风生水起、如火如荼。应当说海派文化既是优秀的传统文化，也是先进的现代文化。

解析海派赏石的文化基因，对于我们回顾昨天、立足今天和展望明天都有着重要意义。海派赏石蕴含了优秀传统元素和文化底气；海派赏石塑造了抱朴归真和大气谦和的文化人格；海派赏石形成了尊重传统和推陈出新的文化取向。

审美观照　雅俗共赏

赏石是一门艺术。一场记忆犹新的观赏石是否归属于艺术品的大讨论发轫于海派赏石界。一直到 2014 年 12 月，中华人民共和国国务院公布了第四批国家级非物质文化遗产代表性项目名录，赏石艺术才被正名并归于传统美术类。海派赏石的艺术思想从善如流，可以用审美观照，雅俗共赏表述之。

赏石艺术是人们运用一定的艺术语言，通过一定的艺术手段，在特定的时间和空间里塑造出静态的视觉形象，以表达主观审美的艺术形式。我们通过一定的人文思想和创作技巧的结合可以把天然奇石改造成为观赏石，其中的代表作堪称为艺术品。观赏石既是发现艺术，也是创作艺术，更是表达艺术的这一思辩逻辑已然被认同。

在以创意赏石艺术作品为核心价值的追求中，海派赏石人走出了一条形式与内容相统一、自然与人文相和谐、传承与创新相互动、高雅与通俗相并存、理论与实践相结合的艺术道路。具体表现在奇石配座的游刃有余、赏石置景的天人合一和赏石理论的视野开阔等方面，在中国石界起到了引领的作用。

艺术从来都没有在人类生活中缺失，人们丰富的思维能力和智慧的创造能力让艺术具有无限发展的时空。各门类艺术之间的文化性沟通和借鉴乃至移用，足以改变赏石艺术的命运。赏石与诗文、书画、摄影、盆景、置景等等艺术门类的混搭，焕发了赏石艺术的生命力，这是光大海派赏石之肯綮。

配座、置景和理论三个方面并驾齐驱前行的海派赏石，厚积薄发了许多的理论成果。特别在赏石法则的理解和完善上，海派赏石理论界最先提出了新的阐述，用哲学的眼光审视赏石形式与内容的美学关系，认为古典（瘦、透、漏、皱）与经典（形、质、纹、色）赏石法则，仅停留在具体的、表象的、感觉的审美层面；而哲典（道、魂、气、韵）赏石法则将其提升至内涵的、抽象的、理念的认知高度。融会成之“三典”赏石法则，必将全面开拓赏石文化艺术的前景。

务求精湛　格物穷理

在近三十年来的赏石文化艺术活动过程中，涌现了一批有艺术创作能力、有专业工匠水平、有理论素养智慧的赏石爱好者，共同打造了海派赏石新天地。海派赏石的作品达观和理论建树，可以用务求精湛，格物穷理表述。

海派赏石界比较早地提出了发现、创作、鉴赏是赏石艺术三度深化的概念。一些奇石收藏者具有一定的文化修养和鉴赏眼力，以构图严谨、细腻传神的审美视觉要求工匠采用简洁流畅的木雕技艺，因势利导地将天然的、形态各异的奇石打造成具备人文艺术价值的观赏石。用心良苦和表现手法最多的是对底座配置、创作意图、展示氛围、主题意境等综合性的完美追求和深度挖掘，通过独立的、纯粹的、高尚的表达“真、善、美”的审视创意过程，达到具有艺术韵味的境界。

海派赏石人在底座配置上的务求精湛，为海内外赏石界所认可。可以说，没有一种艺术品像奇石那样依赖底座，也没有一种底座能像赏石底座那样改变奇石的艺术形象，并表达收藏者的精神意念。其中，构思的巧妙、用材的考究、艺技的舒展、元素的布局、主次的呼应、比例的协调都是优秀底座的重要考量。

海派赏石人在艺术作品创意中善于扬弃的作风，不仅在传承古韵方面，而且在引领风尚方面，都能别具一格。比如海派赏石的小品组合，善于融会贯通、举一反三。在对组合场景的构思和生活气息的营造方面，吸收了绘画、盆景或连环画的创作手法，既强化了作品内容的表现形式，又拓宽了观赏者的思维空间，反映了人们生活艺术化的浪漫情趣。

海派赏石人在主题内涵挖掘上的格物穷理，突出体现在文化赏石、哲学赏石或者说人文赏石的自觉上。海派赏石不仅善于发现奇石的自然美，更在意成就观赏石的艺术美，并注重表达观赏石的人文美。海派赏石的精髓是崇尚卓越、务求精湛，努力将用艺术发现深度、用艺术创作精度和用艺术表达高度这三者完美结合。树立精品意识，打造经典作品是海派赏石群体的共同追求和践行。

海纳百川　兼容并蓄

上海是海，是襟江连海的不息水流造就了上海，滋养了上海，使得这块土地孕育了海派文化，并以海纳百川、兼容并蓄为核心价值理念。同理，海纳百川、兼容并蓄也是海派赏石的核心价值理念。

海纳百石、为我所用，化自然为神奇、创风气之先河；不拒绝先进、不固步自封、不坐井观天，乃开放性特点。

石赏天下、不拘一格，倡文化为自觉、尊传统之典范；不照搬照抄、不重复模仿、不狂妄自大，乃创造性特点。

艺石有道、无邪为上，步雅正为路径、扬清新之风气；不盲目跟从、不鱼目混珠、不矫枉过正，乃扬弃性特点。

广交石友、海派无派，容雅俗之共赏、纳中西之同仁；不低级庸俗、不排斥异己、不牵强附会，乃多元性特点。

海派文化是受古今中外文化影响最多的地域文化。海派赏石亦莫不例外，其历史发展大致有几个时期：（1）萌芽时期，于 1843 年上海开埠以前，中华传统文化特别是江南吴越文化，为海派赏石奠定了基础，开始孕育。（2）成长时期，民国期间约 20 世纪三四十年代，上海“八面来风”似的国内外移民以及收藏之“半壁江山”，为海派赏石扩展了空间，得以哺育。（3）成熟时期，改革开放以后，海派文化艺术开始出现繁荣景象，直到今天已在全国赏石界具有重要的影响力，甚至成为了风向标。

海派赏石作为一种颇具地域性意义的艺术流派，其艺术风格在不同时期都会有与时俱进的表达。今天，海派赏石以创新性为本质愿景，其至高境界应该是“有所为，而有所不为”和“无法而法，乃为至法”。

通俗地说，就是海派赏石有自己的“味道”，这是一种异同并置的特有之历史感、现代感、都市感和土洋混杂感，加上海派赏石人在玩石时的态度、姿势和质感，共同形成为一种品牌，即海派赏石。

总而言之，海派赏石既是上海地区的文化现象和艺术流派，也是中国赏石文化艺术的重要组成部分；以弘扬传统、历久弥新的文化基因为背景，以审美观照、雅俗共赏的艺术思想为指针，以务求精湛、格物穷理的表现特征为前提，以海纳百川、兼容并蓄的核心理念为导向，在观赏石的发现、创作、鉴赏之深化过程中，用新颖思维与精湛手法达到将奇石创意成艺术品之目的，实现观赏石的欣赏、收藏、文化、经济之价值。

我们深知，倘若从形而上的哲学理论进行分析，海派赏石是一种文化趣尚与艺术风格，既非固定的模式与态势，亦非不变的流派与格局。

我们深信，海派赏石将以其活跃的大众理想，不断传递推陈出新的艺术思维，积极投身于百花齐放的文化繁荣，成为当代中国赏石界永往直前的重要力量。

（为本文提供素材者：徐忠根、赵德奇、钟陵强、范垦程、蒋仁康等）

古石雅韵

古代赏石一般是指清代末年以前入藏的奇石。尽管古代赏石具有多样化特点，但在古代占据主导地位的仍然是古典赏石，即以瘦、皱、漏、透为造型结构，以抽象审美为主体的赏石类型，并成为了古代赏石的一种标志性符号。古石大都有前人的包浆、原配或旧配的底座，先人的题刻等古雅之征，使之既归类于赏石，又厕身于古董。古石收藏，是海派赏石继承传统且源远流长的一种表现。

岱岳

石种：古灵璧石
尺寸：33×66×18cm（连座）
收藏：杜海鸥

此石浑朴大气，卓然不群。上面有刻款数百字，落款为康熙三十年，为清初山东淄川县秀才孝子王敏入所供置。

小玲珑

石种：古铁矿石
尺寸：18×33×13cm（连座）
收藏：杜海鸥

此石为传统云头雨脚经典造型，石身透漏有加，底座相得益彰。

中流砥柱

石种：不详
尺寸：30×38×23cm
收藏：徐文强

此石质似铸铁，奇重无比，表面细密，暗光流溢，威严端正，赭褐色石体上布满浅啡色筋脉，如藤似蔓，盘根错节，纵横交错，状若大网，将石体罩住。暴筋凸脉不论粗细都圆润饱满，遒劲有力，明显突出于石表。整个石体上部呈网纹，底部却横生一块青褐色岩体，石质也与上部迥然有异，却如生根一般，浑然一体。置放家中，可以辟邪镇宅。

傲霜

石种：古湖南浏阳菊花石
尺寸：43×63×14cm
收藏：周易杉　叶文

此石有日本原包浆木箱三层，层层有箱书．外箱木刻为：“阮元旧藏十二品之一 菊华石宝 一基”，中箱书是关于阮元的考证和昔时名人观赏感言。石有菊32朵，背有清三代宰相、体仁阁大学士阮元等三位名人题刻。包浆厚亮，色如古铜，加工技法之精妙与紫檀配座之典雅，相得益彰。曾经著录于日本《传承石》、中国《中华古奇石》等。

沧海有心

石种：古珊瑚化石
尺寸：42×33×16cm
收藏：徐文强

亿万年前古化石，历经多少风霜雨雪，寒暑春秋，造化出如此醒世惊人、神鬼莫测的傲然正气，令人肃然起敬。

作品以洒脱的艺术形式，用高几再托台座，精雕片云突乳衬起这史前植物化石，突显生命的尊荣。

锁云

石种：古灵璧石
尺寸：20.5×25×7.5cm
收藏：周易杉

此石微黑、略显暗红，状似环云披锁，又似飞猿奔跃。石背刻有“锁云”二字，落款为“万历丁酉春三月藏石 米仲诏”，阳篆为“友石”（明代米万钟之号）。“锁云”曾在日本石展上多次获得金奖，著录于《中华古奇石》等书。

石孙

石种：石种不详
尺寸：14×16×9cm
收藏：杜海鸥

此石层理有序，浑如竹节。紫檀底座有清代书画家瞿子冶落款题刻诗文，其中有“石非肖竹，肖竹之根。竹从而生，应号石孙。”之句

虚怀若谷

石种：古灵璧石
尺寸：40×31×20cm
收藏：徐文强

此灵璧石的包浆具有北方收藏年久之特点，特别浑厚，宛如黑漆罩体一般；形体若谷涵虚。尤其难得的是，底座为明代家具款式，属原配。

石藕

石种：古灵璧石
尺寸：32×12×8cm
收藏：杜海鸥

此石包浆浑厚，造型奇特，如同藕段。两托小高脚座尤具匠心，效果极佳。石上有清代书画家高凤翰落款题刻。

福禄吉祥（组合）

石种：古灵璧石
尺寸：30×32×18cm
收藏：徐文强

此枚灵璧石肌理变化丰富，包浆古旧。精准的底座定位拔起“吉祥”的身躯，使雅石形态更为灵巧，轻盈超脱；尤其是其脚架式的底座布局以及雕刻工艺，尽显古人对赏石艺术的追求和严谨，作者垫以瘿木衬板在赏石与摆件之下，用葫芦瓶和竹雕佛手两件古玩杂件置于石侧与之呼应，组成了一幅完整的清供作品，同时也点出“福禄吉祥”之寓意。作品轻松和谐地表达出浓郁的文玩韵味。

小蓬莱

石种：古日本那智黑石
尺寸：35×8×18cm（连座）
收藏：杜海鸥

石色黝黑铮亮，石质黝滑细腻，平台之上几处凸起的岛礁，引人入胜。

小洞天

石种：古淄博文石
尺寸：15×35×10cm（连座）
收藏：杜海鸥

淄博文石肌理变化十分特别，带有孔洞的较为难得。楠木底座有刻铭“先祖遗石”，刻款“燕庭珍藏”。

浑沦元气

石种：古灵璧石
尺寸：40×68×28cm
收藏：杜海鸥

此石包浆铮亮，别有洞天。石上有刻铭“浑沦元气”，以及米芾、文彭、高凤翰、阮元等书画名家落款题刻诗文。

横岫

石种：古英石
尺寸：20×11×7cm
收藏：杜海鸥

横峰式的供石，皱褶深密起伏变化，小高脚座颇具匠心。

劲健

石种：古英石
尺寸：18×15×9cm
收藏：杜海鸥

此石包浆滋润，皴理变化多端，横看成岭侧成峰，积健为雄众不同。

小横云

石种：古英石
尺寸：18×12×10cm
收藏：杜海鸥

悬崖式的挑空造型，根式底座遥相呼应，平衡之中见变化。石上有刻款“小横云”。

若拙相拥（六方一组）

石种：古灵璧石等
尺寸：6×10cm
收藏：杜海鸥

小品古石一组，都有原配老座，或卧或竖，姿态各异，气象万千。

海派石尚

当代赏石无论是石种的广泛性，主题的多元化，还是玩法的多样性，早已远远超过了古人的局限。尤其是以广西红水河优质水冲石和内蒙、新疆戈壁大漠的风砺石为代表的新派石种，以及矿物晶体和化石的收藏，包括小品组合石的赏玩，使得瘦、皱、漏、透不再是一种赏石的主流主题，形质色纹各具特点的观赏石，带给了人们更多的娱情享受和表达感受。新派赏石，也让海派赏石勇立潮头，引领石尚。

巍巍山城

石种：巴西水晶
尺寸：125×110×50cm
收藏：丁荣铨

渝川举首望巴城，矮舍高楼叠叠层。
待到月升夜幕启，万家灯火接天穹。
（谢礼波）

蛟龙出海

石种：新疆戈壁石
尺寸：连座高 28cm
收藏：丁荣铨

造型奇崛，蜿蜒跌宕，不但富有审美张力的变化，且具有明晰的主题意象。历经亿万年的风沙磨砺侵蚀，终于从万劫不复的戈壁滩，追溯到上古的海洋，跃出海面便是一条蛟龙。

（陆建新）

故园清吟

石种：南京雨花石
尺寸：石长 5.3cm
收藏：丁荣铨

一位身披红纱裙的古代仕女，正在庭园内寻寻觅觅，悲情吟诗，画面呈现的莫不是宋代词人李清照的《声声慢》悲情意境："梧桐更兼细雨，到黄昏，点点滴滴。这次第，怎一个愁字了得？"

（钟陵强）

满眼清秀沁心脾

石种：南京雨花石
尺寸：石长 6.2cm
收藏：丁荣铨

这是春日之山，雨后之山。山花红艳，绿叶飘飞，绿中显红，红中映绿，石子灵透，灵透中似有微风飘拂，灵透幻化为灵动，观之妙不可言。

杜甫有句："江碧鸟逾白、山青花欲燃。"这一珍品，略含其意。

（池澄）

花团锦簇

石种：南京雨花石
尺寸：石长 4.6cm
收藏：丁荣铨

仿佛是色彩的盛宴，它的浓艳，它的嫩白，它的靛青，它的碧翠，疏朗而雅致，缤纷而多姿。观之，似觉石中有幽人；嗅之，似闻石上有清芬，此真乃醉人之石。

（钟陵强）

黄山云海

石种：南京雨花石
尺寸：石长 7.8cm
收藏：丁荣铨

中国画的勾、皴、泼、染等技法；浓墨淡彩、笔走龙蛇的气韵，大开大阖、收放自如的章法等等，都在此石中生动展示。那峻峭的山峰，升腾的云雾，暖暖的曙色，构成一幅奇妙的泼彩画。

（钟陵强）

佛塔

石种：缅甸木化石
尺寸：32.5×50×25cm
收藏：丁顺兴

谁见过如此玄妙的佛塔？这是天的殿堂、神的佛塔！它层叠有序，精雕细刻，奇巧殊绝，虽历尽岁月的磨砺、时光的雕琢，有些许空灵与苍然，却依然卓然而立、璀璨华丽、端庄威严！

千年不腐，万年成形的佛塔呀，请接受我的叩拜！

（范垦程）

菜根香

石种：吉林松花石
尺寸：15×9×7cm
收藏：丁顺兴

松花石中，极其少见象形状物者，尤其是生鲜食物。这方奇石，比例恰好，俏色到位，寓意极佳，十分难得。真所谓：嚼得菜根香，百事皆可作。

（枕石）

圣峰雪瑞

石种：内蒙戈壁石
尺寸：26×16×15cm
收藏：丁顺兴

此石为标准山形，山的阳面，瑞雪覆盖，玉骨冰姿；山的阴面，皱褶凸显，筋雄骨毅。整个山形高耸挺拔，意蕴苍孤，瑞气深藏。

作家毕淑敏如是说："山的存在，让我们永葆谦逊和恭敬的姿态，知道在这个世界上，有一些事物必须仰视。"它，就是一座需要仰视的山！

（范垦程）

凝碧

石种：湖北绿松石
尺寸：98×68×36cm
收藏：王万东

是亿万年前
绿火山喷发时
溅出的浪花
还是女娲补天
炼石后的留存
尤物今犹在
沧海已桑田
（宦振宏）

叠翠

石种：湖北绿松石
尺寸：111×138×31cm
收藏：王万东

天边飞来一峰巨石
偏遇
春风吹绿了江南
春雨落满了石面
层层翠色绿如蓝
巨石也便成了
春的使者
（宦振宏）

鹰

石种：湖北绿松石
尺寸：86×58×28cm
收藏：王万东

历经亿万年英姿犹在，
至今日初心不改。
愿神金指一点，
我便一飞冲天。
（宦振宏）

黄河之恋

石种：广西大化石
尺寸：118×68×58cm
收藏：王卫

母亲河，深情恋。石呈波浪状的浪花，推涌出壮阔的层次美。石质光滑如硬木，且具红木的富丽色彩，更显示出奇石的奔腾气势。黄河孕育了华夏文明，流淌着灿烂的中华文化。

诗咏黄河情，画显黄河恋，琴奏黄河颂：感恩母亲河！

（蒋仁康）

玉麒麟

石种：内蒙葡萄玛瑙
尺寸：70×66×21cm
收藏：王卫

麒麟象征祥瑞。葡萄玛瑙珠圆玉润，更像闪闪发光的鳞甲；那昂着的头，那线条圆润的尾部，以及象征四足的木座，更是锦上添花。家藏玉麒麟，祥瑞美和谐。

（蒋仁康）

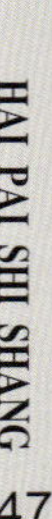

石窟

石种：缅甸硅化木
尺寸：35×43×31cm
收藏：王太林

峭壁齐云万丈深，
壶天美景暮中昏。
神奇洞府今为客，
但愿能识天上人。
（宦振宏）

花瓶

石种：内蒙戈壁玛瑙
尺寸：高 30cm
收藏：王太林

曾经月下相约
曾经海誓山盟
没有海阔天空
无法周游世界
却能执子之手
相伴一生
（宦振宏）

老爷车

石种：贵州乌江石
尺寸：38×18×25cm
收藏：王永奎

诚然，汽车的诞生只是130余年的历史，但看了这方奇石，分明使人感到，在亿万年前，或许上帝就有了设计蓝图，所以称其为“老爷车”，一点也不为过。

（王永奎）

云帆

石种：南极石
尺寸：30×46×12cm
收藏：王永奎

有石自南极来，唐代诗圣李白心有灵犀，曰：长风破浪会有时，直挂云帆济沧海。

（王永奎）

香梨

石种：内蒙戈壁石
尺寸：10×6×6cm
收藏：王永奎

此珍来自戈壁地，
千里之外飘香气。
垂涎三尺难下口，
只缘瓜果是石奇。
（王永奎）

探海松

石种：南极彩卵石
尺寸：石长 6.8cm
收藏：王永奎

此石来自洪荒冰冻之地的南极洲。是藏者20多年前南极科考时，在乔治王岛西海岸的海边偶然所获。玛瑙质地的变质岩，图纹棕、黑、墨绿赋色，似一劲松，在断崖伸展虬枝，探向茫茫的大海。

（钟陵强）

残阳落照

石种：南极彩卵石
尺寸：石长 4.2cm
收藏：王永奎

如果说“晶莹”、“秀丽”、“朦胧”是雨花玛瑙石的清新特征；那么“厚重”、“浓烈”、“粗犷”的南极彩卵石，更有油画的韵味。观赏此石画面，不禁使人感受到一种悲壮激越的震撼力。

（王永奎）

农家乐

石种：内蒙戈壁玛瑙、新疆泥石等组合
尺寸：底座 32×22×16cm
收藏：王宏

此件小品组合石，创意了一派生机盎然，灵动鲜活地表达了农家的快乐。茅舍、桃树、鸡群，构成了一幅和谐画面，充满阳光的生活情趣和生命活力。

（王宏）

玉山子

石种：内蒙戈壁玛瑙
尺寸：11×9×6cm
收藏：王宏

形体浑如山峰，质地堪媲美玉。
纹理细腻入微，色泽自然巧夺。
案供书桌雅致，挥笔泼墨情怀。
诗性悠游天地，文人当爱山子。
（王宏）

石道福缘

石种：内蒙沙漠漆
尺寸：31×28×20cm
收藏：王国俊

此石呈棕红，细腻、艳丽般釉质，萦绕奢华的血脉纯净之光芒，丰富多元的视觉物象，宛如吉祥瑞兽，令人赞叹地表达了沙漠漆的经典。

（蓝红格）

玉兔

石种：内蒙葡萄玛瑙
尺寸：62×40×30cm
收藏：王国俊

侏罗纪玄武岩的喷发流溢，塑造出奇崛精美的物象，色质斑斓，晶莹剔透。上佳的雪青色与流光溢彩的硅质，以造化无极的艺术，演绎出奢华尊贵的天工之作。

（蓝红格）

观世音

石种：内蒙葡萄玛瑙
尺寸：26×44×24cm
收藏：王国俊

宅心仁厚，普度众生，济世人千里之外，扶灵生万众。

佛教传说的四大菩萨之一——观世音菩萨，有多种化身，遇难众生，只要咏其名号，即可消灾灭祸，遇难呈祥。

（王国俊）

太白醉酒

石种：内蒙葡萄玛瑙
尺寸：32×25×16cm
收藏：王国俊

诗仙才华高八斗，不为五斗米折腰，
清晨醉卧沙滩上，但愿长江淌美酒。

看到此石，首先想到的是诗人不图华贵，一身傲骨。醉酒后他似能与山水交流，以天为被，大地作枕，江水为酒，呈现出与天地交融的醉态美。

（王国俊）

盼望

石种：内蒙沙漠漆
尺寸：24×22×15cm
收藏：王国祥

完整，饱满的形体，清晰的物象，凝厚的色质，与生俱来享受贵族世家的宠爱，盼望的只是安身于某一个殿堂，与主人共享传世尊贵的殊荣。

（蓝红格）

猎隼

石种：内蒙沙漠漆
尺寸：30×20×16cm
收藏：王国祥

生成于大漠却属于天空，它生态链的一端连着远古，一端则连着天空。它目睹了恐龙的消亡却浴火重生出大自然的绝美玄妙。苍天圣地赋予它典型的物象特征，即使栖息的一刻，也俯瞰天下之猎物。它不屑大漠中所有甚至仅有的生物，唯臣服太阳，太阳用千万年的时间，让它在同类中拥有唯一的金色羽毛。

（蓝红格）

龙飞凤舞

石种：云南大理石
尺寸：42×64cm（对石）
收藏：王贵生

龙，是传统文化中的象征物。民间传说中的龙，常以成双形制出现，如寓意吉祥喜庆的“双龙夺珠”。这对石屏再现了这一场景：两条蛟龙，张牙舞爪，口喷烈焰，耸踊翻腾，直扑火珠，龙的形象呼之欲出，实乃天工神韵也。

（范垦程）

花样年华

石种：广西水冲蜡石
尺寸：20×37×17cm
收藏：毛杰

观其形，传承有序；赏其态，时尚有余；鉴其韵，高古典雅；品其味，花样年华。

（毛杰）

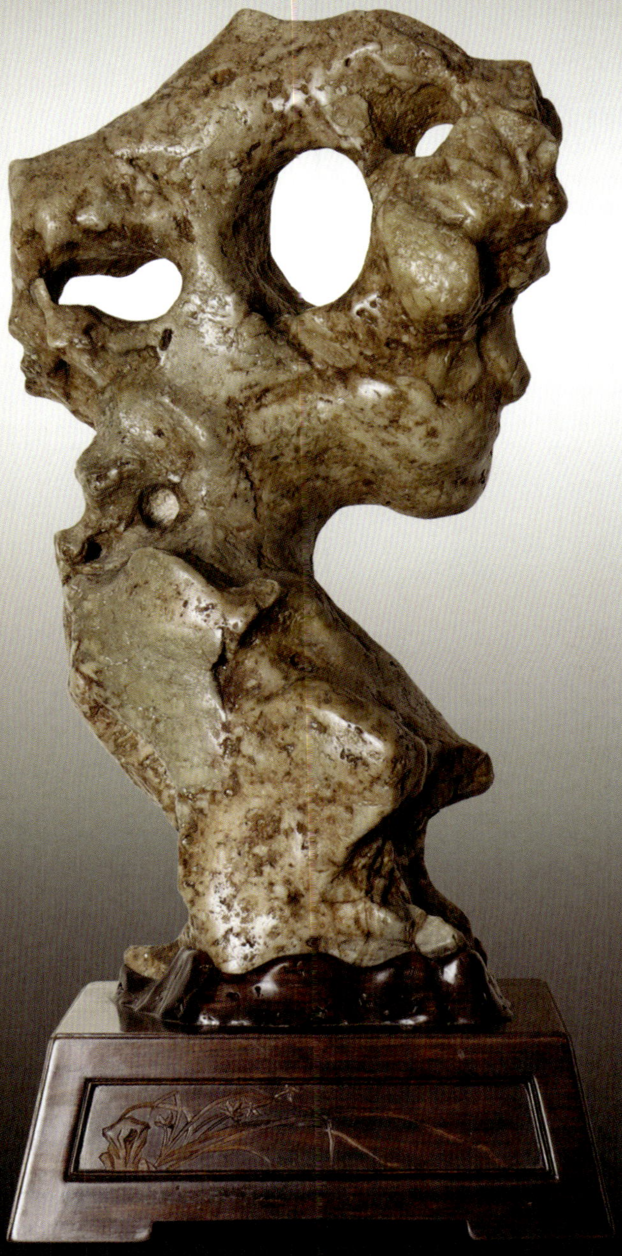

净土狮吼

石种：内蒙葡萄玛瑙
尺寸：85×75×27cm
收藏：石珏

赏狮子象形石，浮现李白诗："道人制猛虎"。葡萄玛瑙的石质，尤显狮子的慈祥、温和，加上整体的柔和线条，给人圆融的宁静感。

相传佛陀在遭遇危险时，伸开五指，化成五狮狮吼，转瞬逢凶化吉。赏石感禅境，禅石美遨游。

（蒋仁康）

寿龟

石种：山东淄博文石
尺寸：46×28×18cm
收藏：石童

曹孟德曰：神龟虽寿，犹有竟时。这方赏石，可谓形神兼备，充满动感和活力，尤其是昂首探前的头部、充满沧桑感的肌肤，让人有神龟之寿，未有竟时之感。

（湫流）

寿翁

石种：内蒙集骨石
尺寸：10×10×8cm
收藏：石童

石形绝类寿星，高额皓首，老态龙钟，寿居耄耋之上，追忆人生过往。慈眉善目隔绝了多少尘世纷扰，笑口常开，洞穿凡间喜乐。天地间，人皆过客，唯有怀圣贤之心，道法自然，方能自来自往。

（溪源）

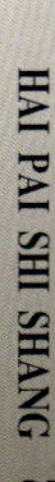

春山滴翠

石种：澳翠
尺寸：21×9×9cm
收藏：叶文

澳翠又叫澳玉，多用于做首饰，作供石极为罕见。绿如翠，白如雪，似春山初融。山峰主次分明，兼有溪流峡谷，黑檀底座仅约一毫米厚，精巧美艳，乃观赏石山型之精品。

（周易杉）

秋山红树重

石种：南京雨花石
尺寸：石长 4.2cm
收藏：史解源

峰势欲开树为遮，
崔嵬画态见槎枒。
本来枫槲经霜染，
错认夕阳一片霞。
（史解源）

春动一山秀色

石种：南京雨花石
尺寸：石长 4.8cm
收藏：史解源

翠山相凝绿，
花颜旖旎红。
迥野韶华丽，
晴岚秀色钟。
——集古诗句
（史解源）

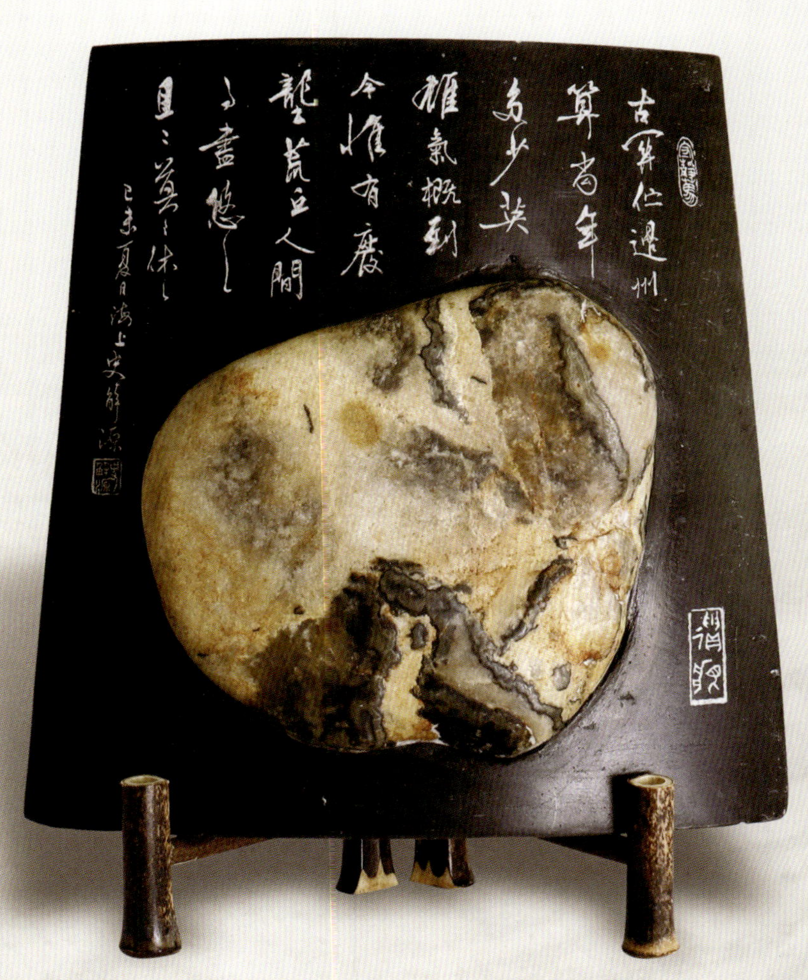

遗痕

石种：南京雨花石
尺寸：连座高 20cm
收藏：史解源

时有代谢，物有枯荣。
人有衰盛，事有废兴。
——宋·邵雍《观物吟》

过桥连理

石种：内蒙葡萄玛瑙
尺寸：17.5×22×15cm
收藏：丘庆烨

大漠沙洮玛瑙酥，月光泻育葡萄露。有缘宜攀过桥洞，相思难分连理树。阴晴圆缺古今同，相逢离别人生路。梦石寄情高寒处，可弹琵琶闻私语。

（裘伟明）

鸣春

石种：河南河洛石
尺寸：32×25×12cm
收藏：丘庆烨

新春二月几枝发，
鸟翁唤情鸣声喳。
天然一幅石中景，
此时犹听聊闲话。
（裘伟明）

美人珏

石种：云南黄龙玉
尺寸：16×13×10cm
收藏：丘庆烨

云南龙陵孕美珏，
万紫千红油黄绝。
天然浮雕出洪荒，
拳拳爱心见日月。
（裘伟明）

翠色横云

石种：湖北绿松石
尺寸：69×32×22cm
收藏：朱玉明

“横云”绿松石，飘云悦目“翠”。浮现蠡湖“云窝”石，回眸石钟山“云根”……各赏孔洞奇飘云，别致“横云”美“翠洞”。

（蒋仁康）

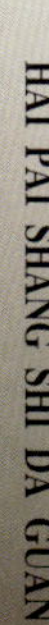

面包

石种：内蒙沙漠漆
尺寸：22×20×11cm
收藏：朱晓华

酷似面包的沙漠漆，皮色就像是刚刚烘焙过的，焦里透黄，质感诱人，造型毫无违和感，与实物完全一致，而且几乎是一比一。

（枕石）

一马平川

石种：广西大化石
尺寸：111×25×54cm
收藏：朱晓华

大化石常见类似层理堆叠，勒痕显露。此方大化石体量庞大，玉质感强，色泽亮丽，造型规则中见变化，上部平台可谓一马平川，景象为开。

（枕石）

江山无限

石种：贵州罗甸石
尺寸：100×42×37cm
收藏：朱晓华

质地黝黑如漆，水洗度极佳，平底景观造型，主峰在后方偏右侧，前方有三处低峰错落，中间凹坑环山抱湖，景深颇远，比例极好，风水极佳。

（枕石）

神龟

石种：安徽灵璧石
尺寸：192×60×110cm
收藏：朱晓华

此方象形灵璧，体量硕大，气韵苍古，纹理颇佳，乌龟探头前行，静中有动，若有神灵护佑。

（枕石）

竹林七贤

石种：安徽灵璧石
尺寸：底板尺寸 108×28×33cm
收藏：朱晓华

这是幅文人雅士腥风笼罩下的殊姿独立图，魏晋黑暗中的人文亮点。

空间环境结构独具匠心，长卷式展示，场面宏大，选石造形生动，谐调中彰显个趣。

以三人组石为视觉中心，左右起伏呈三个故事场景，仿佛瞥见“我以天地为栋宇，屋室为裈衣……”放浪形骸及豪语，亦或听到诀别“广陵散”之悲怆余音……

（南极渔人）

寿

石种：广东英石
尺寸：52×90×16cm
收藏：朱晓华

石头自古以来就是长寿的象征，年代悠远，经久不变。以“寿”字为主题的赏石，多见图纹石，罕见造型石，这方英石造型分明是“寿”字笔意，上部隐现龙首，下部显现勾划，嶙峋凹凸，立体感强，插屏形式也很好地演绎了主题。

（枕石）

史努比

石种：青海结核石
尺寸：31×35×17cm
收藏：朱晓华

青海结核石常见卡通形象，特别是黄褐色底子多见黑色的凸块鼓点，俏色醒目，状形像物，十分奇巧。这方奇石分明是一只史努比狗的头部造型，黑鼻黑眼，十分传神。

（枕石）

千峰云起

石种：广西古陶石
尺寸：190×51×125cm
收藏：朱晓华

广西古陶石皮壳深沉，仿佛古物，肌理多见浮雕状凸纹。这方石头呈景观山形，连绵起伏的数座山峰由西向东，由低向高，错落有致，十分壮观。（枕石）

梵高的星空

石种：江西龙须玉
尺寸：37×26×13cm
收藏：伊德奎

比较少见的石种，凸起的纹理玉质感强，动感十足。藏家慧眼发现，取象梵高名画《星空》画意，创意演绎，摄人心魄。

（枕石）

敦煌飞天

石种：广西大湾石
尺寸：8×7×4cm
收藏：伊德奎

仿佛回到了盛唐时代的敦煌，壁画上呈现的飞天形象雍容华贵，飘飘欲仙。

（枕石）

梯田

石种：广西大湾石
尺寸：5.5×5×3.3cm
收藏：伊德奎

卷纹石中奇，线条皆写意。
山峦重重叠，元阳层层梯。
（枕石）

凤凰涅槃

石种：金属矿体
尺寸：8×10×6cm
收藏：刘以峰

此金属矿体形态奇特，左实右疏，左低右高，左静右飘，亦静亦动，右边呈现凤凰的形象栩栩如生，不可多得。

（石童）

佛光普照

石种：南京雨花石
尺寸：石长6.4cm
收藏：刘连伟

此石色简纹奇，像一幅抽象的写意画。下部白纹朦胧中幻化出一尊观音座像，上部白纹似观音身后闪现出来的佛光。朦胧中显得优雅而慈祥。

（钟陵强）

祥云满乾坤

石种：南京雨花石
尺寸：石长4.6cm
收藏：刘连伟

小巧、艳丽的石子上，布满了线条流畅、变化多端的白色云纹，令人称奇，令人凝视遐想。大诗人李白有诗句："朔云横天高，万里起秋色"。而今为配雅石，斗胆作一字之改：祥云横天高，万里起秋色。

（钟陵强）

先行者

石种：南京雨花石
尺寸：石长 5.5cm
收藏：刘连伟

雨石像章孕亿年，
神似伟人孙中山。
全球华人齐称颂，
天下为公美名传。
（刘连伟）

群仙聚会

石种：南京雨花石
尺寸：石长 6cm
收藏：刘连伟

石质透润，隐约中山岚漂浮，群山云游，一派超凡脱俗的境界。白云禅师语：一点灵光随落日，万端尘事付浮云。

（钟陵强）

春绿大地

石种：广西彩陶石
尺寸：50×130×40cm
收藏：刘建军

此方广西彩陶石，是早期从红水河打捞出水的精品奇石。绿色浓重，洗度厚实，形意规矩，体态大度，体量硕大，绿中闪黄，富贵安泰。几经名家转手收藏，人文气息敦厚。
（求石）

大象无形

石种：广西摩尔石
尺寸：116×86×46cm
收藏：刘建军

摩尔石线条柔和秀美，以抽象造型著称。此石的命名真可谓妙不可言。“大象无形”，意为无形态、无框架才能容纳一切形体。藏家将“大象无形”中的“大象”，妙喻自然界的象，及其若有若无、若隐若现的“无形”之魅，极富现代雕塑意味，真是妙趣横生！

（范垦程）

墨竹图

石种：江西潦河石
尺寸：33×52×20cm
收藏：江正富

墨色轻染石魂间，
轻舟如柳入心田，
清廉唯独非君者！
不似锦花胜春园，
淡香萦绕碧罗裙，
节节攀高人格贤！
（雪儿咏竹）

蹄膀

石种：内蒙沙漠漆
尺寸：20×20×19cm
收藏：许长海

浓油赤酱，上海老饭店名菜不假；
垂涎欲滴，内蒙戈壁石蹄膀乱真。
（南极渔人）

龙如意

石种：广东英石
尺寸：26×10×6cm
收藏：孙永祥

云蒸图腾龙如意，
化作鹊桥会七夕。
昊天繁星织银河，
凡间神话石亦奇。
（求石）

元祖

石种：内蒙沙漠漆
尺寸：14×22×13cm
收藏：孙永祥

人猿相揖别时候，石头作的媒婆。小小石头，风雨之中，耕作、射猎、取火……案供元祖，不忘初心，你、我、他……

（求石）

坐禅

石种：广西彩陶石
尺寸：38×30×35cm
收藏：孙永祥

般若海天苦作舟，
阿弥陀佛无量寿。
普渡众生誓作愿，
崇敬功德吾合手。
（求石）

冰峰探幽

石种：缅甸硅化木
尺寸：12×28×9cm
收藏：孙宝富

塑造一个幽洞，需要大自然非凡的毅力，故带洞的景观石尤获玩家青睐。此石“万仞倒危石，百丈注悬淙”（南朝梁 沈约《被褐守山东》），腰间洞穷幽深悬恐、扑朔迷离，疑是龙藏处，如闻虎啸声，其妙无穷，足让人浮想联翩。

（范垦程）

敦煌壁画

石种：南京雨花石
尺寸：石长6cm
收藏：杜宝君

浮云游子意，
落日飞天情。
壁画皆精彩，
敦煌好风景。
（枕石）

春江花月夜

石种：南京雨花石
尺寸：石长6.5cm
收藏：杜宝君

一轮皓月升空中，
四时佳兴与众同。
看尽洛阳城中花，
唯有牡丹别样红。
（枕石）

娃娃鱼

石种：南京雨花石
尺寸：石长 5.6cm
收藏：杜宝君

透红的玛瑙石色，衬着一对明亮的大眼，就像一条小金鱼，在水中冲着观者迎面游来，那眼神清澈、无邪，就像一张娃娃脸，好奇的注视着周边的世界，探寻着知心的伴侣。

（钟陵强）

鱼篓有鱼

石种：南京雨花石
尺寸：石长 7cm
收藏：杜宝君

巧形、巧纹、巧色，造化了一个石之鱼篓。只见细密的竹编篓中，蹦跳着数条刚进篓的池鱼。无奈篓盖紧闭，挣扎着的群鱼只得暗自叹息；谁让俺嘴馋，误吞了带钩的蚯蚓！

（钟陵强）

南风

石种：安徽灵璧石
尺寸：30×22×18cm
收藏：杜海鸥

南风之来兮，
唯我赏石之乐兮。
南风之悠兮，
唯我读石之忧兮。
南风之清兮，
唯我玩石之爱兮。
（求石）

六朝遗尊

石种：安徽灵璧石
尺寸：52×46×36cm
收藏：杜海鸥

沧海横流见传舍，谁主沉浮望转蓬。
震古铄今六朝事，石头城廓尊图腾。
（求石）

回望

石种：安徽灵璧石
尺寸：33×19×12cm
收藏：杜海鸥

顽石美兮纹亦朦，
万象缘观丑比梦。
但愿灵璧亘古绝，
便向天阙汲今胜。
子瞻戏作雪浪诗，
胸中千山万马骋。
簾卷一席清案供，
畅饮满座话云根。
（求石）

千仞

石种：安徽灵璧石
尺寸：43×20×9cm
收藏：杜海鸥

“千里之远不足以举其大，千仞之高不足以极其深”。（《庄子·秋水》）

一方奇石赋予我们的启示，需要用哲学的思维去欣赏；鉴评奇石作品的艺术性，需要用审美的睿智去感悟。

（求石）

七子峰

石种：广西都安石
尺寸：52×28×26cm
收藏：杜海鸥

七子峰，状砚山。形嶙峋，质温润。境幽古，色皆空。置案几，生清思。
（枕石）

雄尊

石种：安徽灵璧石
尺寸：35×28×18cm
收藏：杜海鸥

灵璧居然雄尊凌，
洪荒造穷韵味凝。
敢攀青天耸昆仑，
一石揽尽人生行。
（求石）

黛山如簇

石种：安徽灵璧石
尺寸：55×62×26cm
收藏：杜海鸥

灵璧山黛簇峰拥，渔沟浮磬崎岸雄。
瑞霙含羞苔痕苍，远岫氤氲托月烘。
碧水流云烟岚森，胜景逢春摩天耸。
胸襟洒然赏石时，对酒当歌呼米公。
（求石）

莫道英州不飞雪

石种：广东英石
尺寸：35×23×18cm
收藏：杜海鸥

问君何事眉头皱，
莫道英州不飞雪。
桥横清越瘦骨磊，
梦惊叠嶂孤心觉。
风雨洪荒九华秋，
人文平章壶中岳。
念我当今留此峰，
触石润韵咏诗阙。
（求石）

秋霞闲情

石种：内蒙沙漠漆
尺寸：24×17×20cm（连座）
收藏：李灵山

此石纯净之玛瑙质地，温润可手，色泽金红，浑身包浆，石体完美无瑕，堪称珍稀。

大漠美石天下闻，沧桑阅尽尚留温。
老来闲话当年事，秋色满目酒满樽。

（李灵山）

金玉满山

石种：蒙古国木化石
尺寸：38×33×23cm（连座）
收藏：李灵山

经过亿万年的沧桑变化和风沙磨砺，几近玉化的树皮依然清晰可辨。沙漠漆包浆温润，色泽金黄，透出内层象牙白，恍如一座堆金叠玉的宝山。

天上沙漠漆，石留老树纹 。当年参天木，万古成云根。黄金染山色，白玉叠层云。区区案前石，惊为华堂魂。

（李灵山）

春云出岫

石种：广东英石
尺寸：36×40×13cm
收藏：李灵山

此件英石叩之乃得金石之声，石势嶙峋，变化万千，集皱、瘦、漏、透于一身。既有细如毫发的连接，又有青云飘逸的动感。平台、幽谷、危崖、仙洞，令人浮想联翩。耐人寻味，百赏不厌。

怪石嶙峋洞门开，山色空幽神仙台。忽见奇峰飞天去，恰似春云出岫来。

（李灵山）

民族英雄

石种：淄博文石
尺寸：12×35×12cm
收藏：李建伟

披甲壮士显英武，
驰骋沙场不知年。
黄沙百战穿金甲，
不破楼兰誓不还。
（李建伟）

三文鱼

石种：内蒙沙漠漆
尺寸：25×10×8cm
收藏：李建伟

它的一生，充满传奇色彩。
在它身上有那么一种精神——叫拼搏。
它的经历，让人类汲取到生命的正能量。
（李建伟）

福拱门

石种：广西来宾石
尺寸：15×10×7cm
收藏：李振勇

此石灰褐色、光泽熠熠、色韵自然，造型为吉祥猪的模样，圆圆的身躯粗短面门、大耳圆鼻，小小的眼睛、呈卧姿，憨态可掬，惹人喜爱。

底座设计和石头形成自然的呼应，小猪仔雕刻生动逼真，让人观之不禁会心一笑。

（李振勇）

迎风

石种：太湖石
尺寸：28×50×18cm
收藏：杨松年

不对称的石型，却见“迎风”中的平稳美姿：亭亭玉立。

风显动态感，立石迎风来。静石见舞动，展姿美迎风。

细观云“气”飘浮；迎风似闻风声，飘影穿云入洞。

（蒋仁康）

浴女

石种：内蒙戈壁玛瑙
尺寸：6.5×4×2.8cm
收藏：吴伟民

金黄富丽的浴缸内，只见洁白凝脂、如处子般的胴体，在云蒸雾笼的温泉浸润中，尽情地享受着生命的洗礼。

岁月终将流逝，青春无法永驻，然石之浴女，却让人能永远徜徉在对美的迷恋中。

（刘志成）

风成菊　集成羊

石种：内蒙集骨石
尺寸：60×80×33cm
收藏：吴寿宝

硕大的石体在集骨玛瑙石族群中罕见，被阿拉善藏家称之遗落他乡的集骨之王。完整且瘦骨嶙峋的石形犹如吉羊，集玛瑙质、硅质、玉髓质一体的“风成菊”盛开石体，花形完整，朵朵相聚，具有集骨石标本化的框架构造和审美形态。

（蓝红格）

幽篁古木

石种：缅甸硅化木
尺寸：35×19×21cm
收藏：吴栋良

“形恃神以立，神须形以存。”（唐·司空图）它让人想起“不朽”与“永恒”两字。虽历经大自然严酷环境的摧毁，却依然筋雄骨毅，拙朴沧桑，仪态万千，超尘脱俗，怒放着生命最后的风采！

（范垦程）

民族英雄

石种：南京雨花石
尺寸：石长 5.6cm
收藏：吴浩源

一枚黄黑分明的卵石，一位伟岸身影的壮士，身披战袍，手握配剑，威风凛凛，迎风而立。是岳飞，还是文天祥并不重要，重要的是，石中身影彰显出了中华民族的凛然正气和不屈风骨！

（钟陵强）

秋日梦蝶

石种：南京雨花石
尺寸：石长 5cm
收藏：吴浩源

赏此美石，一副联语油然而生：半山枫叶浸秋色，一蝶舞蹈梦春光。

（钟陵强）

岳麓春浓

石种：南京雨花石
尺寸：石长 6cm
收藏：吴浩源

春山凝碧，黄花漫山，好一幅岳麓山春景图，溢满了诗情画意。宋代名僧守净诗曰：

流水下山非有意，
片云归洞本无心。
人生若得如云水，
铁树开花遍界春。

（钟陵强）

墨染群山

石种：南京雨花石
尺寸：石长 7cm
收藏：吴浩源

此枚纹石，极具画意，真乃“奇峰出奇云，秀木含秀气”。“列嶂图云山，攒峰入霄汉”。又如“泰山嵯峨夏云在，疑是白波涨东海。”（摘自李白诗句）

（钟陵强）

朽木神韵

石种：南京硅化木
尺寸：15×90×15cm
收藏：邱振培

这根木化石，既有朽木的纹理结疤，又有岩石的坚硬脆朗。石质呈黄白色，有大小九个结疤，其中六个特别逼真完美，令人叫绝。酷似一根枯木，妙不可言。

（邱振培）

诺亚方舟

石种：贵州乌江石
尺寸：36×15×18cm
收藏：邱琣娟

圣经《创世纪》中诺亚建造方舟的故事家喻户晓，方舟从此成了摆脱灾难、保护生灵的代名词。这方乌江石，或许就是藏石者心中的诺亚方舟，它是人们远离厄运、珍惜生命、祈求平安的图腾！

（范垦程）

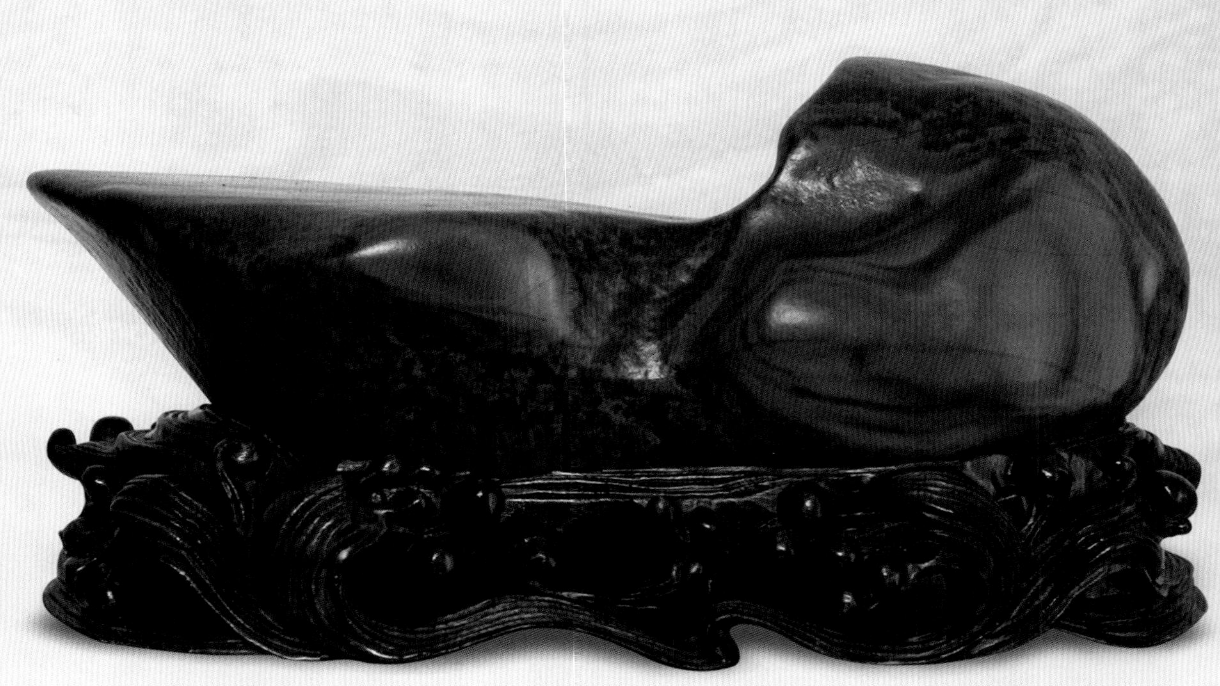

石臼

石种：广西来宾石
尺寸：24×19×27cm
收藏：邱琣娟

此石体形饱满，线条柔和，色泽古雅，包浆浓郁，集粗犷与俊美于一身，惟妙惟肖的石臼、石杵，似见古人正在使用，耳畔传来研捣的声音……

（范垦程）

天路

石种：湖北汉江石
尺寸：35×26×12cm
收藏：邱琣娟

一条弯弯曲曲的路，一条百折不挠的路，一条通往苍穹的路！

此情此景，不由得让人想起宋人邹浩《咏路》中所描写的意境："赤路如龙蛇，不知几千丈；出没山水间．一上复一上；伊予独何为，与之同俯仰。"

（范垦程）

母爱

石种：福建九龙璧组合
尺寸：板长 50cm
收藏：何卉

此组合造型奇巧，构图逼真，色彩浓淡咸宜，恰到好处。错落有致的造型排列，各具韵味的神态演绎，实乃大自然鬼斧神工创造出来的艺术精品。

（何卉）

母子情深

石种：内蒙戈壁玛瑙
尺寸：14×8×6cm
收藏：何卉

通体呈乳白色，晶莹玲珑，造型生动，气韵优雅，石形如一位母亲，怀抱孩子，俯首贴面，尽显慈祥，孩子仰首凝望，流露眷恋，倍显浓浓的母子情意。

（何卉）

沉静与绚烂

石种：内蒙葡萄玛瑙
尺寸：25×18×16cm
收藏：何卉

此方石头融合了光板玛瑙的“沉静”与葡萄玛瑙的“绚烂”，动静结合，张弛有道，强烈的色彩对比亦带来了和谐悦目的视觉美感，将富丽堂皇之气渲染得淋漓尽致。

（何卉）

硕果累累

石种：广东孔雀石
尺寸：18×16×10cm
收藏：何卉

孔雀石古称绿精，此绿是最浓、最正的绿，而不同于珠宝的光泽。此方“硕果累累”，为葡萄状，呈墨绿色，丝绢光泽，具同心环带状光圈，鲜亮滑润，璀璨夺目，仿佛就是一串成熟的葡萄，不可多得。

（何卉）

天门

石种：安徽灵璧纹石
尺寸：18×10×6cm
收藏：何卉

纹石一般变化不多，山形且带洞隙的纹石更少。纹石的奇特与精贵在于其圈曲多变的纹理，此乃大自然精心雕刻之杰作。此石山势雄浑，石体苍老，纹理苍遒，清冷古朴，中间洞隙一扫石之沉闷，更为山峦增添了别样的景致。

（范垦程）

梦回周口店

石种：广西来宾石
尺寸：19×25×10cm
收藏：何卉

石皮斑驳沧桑的头像水冲石，完整硕大的头颅，有着高高凸起的前额，大大的眼睛。宽鼻阔嘴，仿佛正在呐喊……。命名为《梦回周口店》，包含了华夏儿女对“北京人”一往情深的追思。

（何卉）

鹰

石种：福建九龙璧
尺寸：26×19×16cm
收藏：何卉

细观石品，鹰喙含而不露，俯首而瞰，神情专注，敛羽垂尾，耸首耸肩；肌理变化大，造型奇绝，石皮完整无伤，釉面润滑，包浆淳厚。

（何卉）

福果满园

石种：广东阳春孔雀石
尺寸：32×20×42cm
收藏：何江海

此方孔雀石，整体硕大而完整无损，由无数个孔雀石绒球团聚成花簇状，绒光效应明显，外观更像一大串颗粒饱满的葡萄，绿色象征着无穷的生命力，累累福果喻示着圆满。

（何江海）

梅山

石种：内蒙戈壁玛瑙
尺寸：33×37×20cm
收藏：何菊梅

梅开二度逢春寒，
山冠四方迎雪酣。
石奇八面顽而秀，
坊间女子当然敢。
（求石）

维纳斯女神

石种：内蒙葡萄玛瑙
尺寸：60×120×25cm
收藏：何菊梅

上帝的造化，
女神的石榴裙，
勇敢的拜服者无数，
前赴后继、络绎不绝。
她脚踩荷叶贝壳，
虽断了臂膀，
但！健美、丰满、端庄；
秀发蓬松而掩饰羞稚，
却！靓丽、多姿、内敛。
（求石）

舞狮

石种：内蒙缠丝玛瑙
尺寸：12×10×9cm
收藏：邹建平

锣鼓声起隆咚锵，
南狮舞动喜来登。
玛瑙石中出精品，
神态憨厚又灵动。
（南极渔人）

邀月

石种：新疆绿碧玉
尺寸：9×19×8cm
收藏：汪倩

星稀月冷逸银河，
万籁无声自啸歌。
何处关山家万里，
夜来长思客愁多。
（赵德奇）

海市蜃楼

石种：内蒙戈壁玛瑙石
尺寸：15×7×9cm
收藏：汪倩

一片胜景空复空，群仙出没晴空中。
心知所见皆幻影，敢以耳目烦神工。
（赵德奇）

南迦巴氏

石种：新疆风凌石
尺寸：150×35×70cm
收藏：沈建民

青莲倚天，冷峰竞势；
众神之榻，南迦巴氏。
（沈建民）

高岩云壑图

石种：四川长江石
尺寸：23×25×6cm
收藏：沈建民

高远起势，横岱独举。
峻岩见皴，林壑掩云。
（沈建民）

情缘

石种：内蒙戈壁玛瑙
尺寸：大：10×8×7cm
　　　小：8×4.5×3.5cm
收藏：张义德

朝朝暮暮对相望，年年岁岁两心印。
问鱼何故痴情深，只缘同枝还同根。
更待守望千万年，海枯石烂玛瑙心。
（张义德）

论道

石种：内蒙戈壁石组合
尺寸：板长 30cm
收藏：张立功

一组内蒙戈壁碧玉组合，无论人物、茶台，色彩、造型均搭配和谐，比例到位。人物小品极为出彩，神韵俱在。底座背景充分利用自然的色彩元素，烘托出了论道的气氛。

（枕石）

青山遮不住

石种：内蒙沙漠漆组合
尺寸：40×17×14cm
收藏：张立功

一幅绝佳的岛屿景观图，两山一高一矮，左右呼应，宋人张 “系舟西岸边，幅巾自来去，岛屿草木深，蝉鸣不知处”的诗意呼之欲出。底座的设计颇见功力，烘云托月，几只傍岸的归舟，倍添渔村的祥和与宁静。

（范垦程）

仙人座

石种：内蒙戈壁石
尺寸：20×23×13cm
收藏：张永明

山巅云雾缭绕处好一把仙人椅，真材实料，硕大无比！此乃众仙栖息聚会之处？只有天知地晓。得此仙人椅，移置案头，让烦忧的身心独享神憩，好不惬意！

（范垦程）

葫芦里卖的什么药?

石种：新疆火山弹
尺寸：66×47×29cm
收藏：张永明

此“葫芦”形态饱满、体量充盈，形状规整，惹人喜爱。

难得的是主腔体上有一个天然的空洞，看似缺点，实乃亮点，因为可以让你洞见“葫芦里倒底卖的是什么药”。

（王永奎）

金蟾

石种：广西大化石
尺寸：17×24×14cm
收藏：张永明

此石色质金黄，形似蟾蜍，目炯双瞳，十分惹人喜爱。一眼便能揣摸到主人满心的喜悦。

民俗有言“凤凰非梧桐不栖”，“金蟾非财地不居”，故而“金蟾”有聚财、镇财的寓意。

（王永奎）

爱屋及乌

石种：内蒙玛瑙石
尺寸：24×24×13cm
收藏：张永明

“富贵鸟”、“吉祥鸟”之称呼是借用鸟的灵动美丽，祈福于人生的美好。

此葡萄玛瑙，形态丰满，珠光宝气，嘴部神态逼真，真是好一只富贵鸟！宋人陈师道《简李伯益》诗曰：“时清视我门前雀，人好看君屋上乌。”

（王永奎）

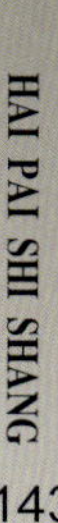

玉玲珑

石种：内蒙玛瑙
尺寸：33×28×20cm
收藏：张永明

“玉玲珑”是古典赏石透、漏美的一种称谓，以空灵、静穆之美的心灵感悟而呈现。

此件玛瑙质“玉玲珑”云头雨脚，洞壑相连，气象万千。让人生发出“万物静观皆自得，四时佳兴与人同”之感慨。

（王永奎）

天佑中华

石种：甘肃黄河石
尺寸：底座长 36cm
收藏：张伟义

石肤细腻柔滑，纯净的色彩中带有鲜明的对比，横平竖直的笔画，写就“中华”二字，在笔锋的起承转折中，形态饱满，气韵凝练。

绢画的底色加上朱红墨色，抒发着“爱我中华”的情怀，呈现出磅礴浩荡的气势。

（酒醉暖阳）

天地凝风骨

石种：新疆绿碧玉
尺寸：15×27×10cm
收藏：张伟义

自远古就在洪荒戈壁中生成出凝聚天地风骨的青山翠竹，令众生瞪目惊叹。

翔风秋雨染翠色，
青山空野衍万年。
百节虚心自有格，
世间风骨唯爱竹。
（李简）

心中有佛

石种：云南黄龙玉
尺寸：75×86×42cm
收藏：张旭

心经般若修五蕴，
中道无妄拈荷韵。
有禅虔诚相老庄，
佛指菩提望素云。
（求石）

东方雄狮

石种：云南黄龙玉
尺寸：156×78×66cm
收藏：张旭

长夜难明赤县天，雄狮久睡梦犹酣，蚊蝇滋扰虎狼旋。
既白东方消鬼魅，一声吼叫震山川，威风凛凛屹岗峦。
（杨栋）

万佛朝宗

石种：云南黄龙玉
尺寸：33×22×5cm
收藏：张旭

天长晨暮敲钟鼓，
地久圣贤祈草木。
人和泰安葆福祉，
法度公平善水如。
（求石）

珠联璧合

石种：云南黄龙玉
尺寸：36×52×26cm
收藏：张旭

富贵满堂，
层层叠叠金镶玉；
荣华万代，
簇簇团团璧联珠。
（杨栋）

硕果累累

石种：内蒙玛瑙石
尺寸：156×76×166cm
收藏：张旭

呕心沥血规门第，祈风化雨滋苗子。
春华秋实桃李满，彪炳玉廓蕴深意。
（求石）

瑞雪秀山

石种：内蒙戈壁玛瑙
尺寸：33×25×15cm
收藏：张志连

瑞雪群山环抱，流淌清泉湖泊。亦梦亦幻的秀山神秘意境！开放式配座用镂空雕与浮雕巧色相结合，把瑞雪秀山的神韵烘托到极致，显现出令人向往世外桃源般的悠闲生活！

（张志连）

丝绸之路

石种：内蒙沙漠漆
尺寸：33×22×6.6cm
收藏：张志连

橙黄的玛瑙沙漠漆，建筑一道道坚固城墙，幻化成古代敦煌的文明，一条丝绸之路，也是中外人民友好交往的纽带和桥梁！古老的丝绸之路，你永远都在人们的心中。

（张志连）

泼墨仙人

石种：湖北汉江石
尺寸：15×28×10cm
收藏：张建宇

大师偷石画，石亦仿大师。
信手捏与抹，便现仙人姿。
光顶眯小眼，玉麈手中持。
形肖神亦具，俨然有所思。
暂戏尘世间，神通人不知。
似欲翩然去，仙凡任所之。
（贺林）

横云

石种：内蒙沙漠漆
尺寸：63×32×22cm
收藏：张建宇

“坐看云起时”。古人喜欢看云，把云当作观赏的对象。确实，微风中的云是最具动感、最富变化的，云是祥瑞之物，这朵飘来的横云，静中有动，动中有静，千态万状，变幻莫测。

（范垦程）

天雕

石种：安徽灵璧石
尺寸：62×78×28cm
收藏：张建宇

此方灵璧石极其具象雄鹰回首傲立岩崖，渺视苍穹，欲振翅高飞的威严形象。铁钩般的嘴，孤傲的眼神，强壮蓬松的翅膀，矫健的身躯，不屑一顾的神态，象征着自由、力量、勇猛和胜利，其气场令人震撼和敬畏。

（石童）

碧云秀峰

石种：湖北绿松石
尺寸：198×56×20cm
收藏：张建宇

碧绿浓彩一擎柱，
云雾缠绕峥嵘矗。
秀珠琳琅挂前川，
峰飞世间真容露。
（求石）

十二生肖

石种：水晶
尺寸：底座宽 4cm—6cm
收藏：张荣山

水晶的形态多种多样，其中的水晶包裹体就是颇具观赏价值的一个品种，此组十二生肖的水晶包裹体，包括藻晶、发晶、闪光水晶等多样矿物质，呈现出令人惊异不已的“内在美”。水晶包裹体中肖形图纹难得，集齐十二生肖更是不易，其中凝聚着藏者的心血和敏锐的目光。（钟陵强）

（“子”鼠迎春）

（“丑”牛扛鼎）

（“寅”虎生威）

（“卯”兔吉祥）

（“辰”龙盘宝）

（“巳”蛇奉禄）

（“午”马当先）

（“未”羊开泰）

（“申”猴献寿）

（“酉”鸡报晓）

（“戌”狗旺财）

（“亥”猪拱福）

洞天仙境

石种：广西来宾石
尺寸：42×21×12cm
收藏：陆建新

形之完整奇崛，玄绿间色，釉质细腻，滑润如琉璃。洞天中开，别开生面，跌宕起伏的洞体，迥异于绛红苍古的洞壁，幽深玄妙，令人迁想妙得，为集形质色纹韵一体之天工迎宾之作。

（蓝红格）

西风 古道 瘦马

石种：安徽灵璧石
尺寸：28×18×13cm
收藏：陆建新

具象传神，形达意深，赏之必使万象森罗于胸次，云影天光浮动于灵台，全马在胸，胸有丘壑。大自然之鬼斧神工，剥其繁冗，直取肌理，无为而有为。线条既出，则如鼎鼐之立庙堂，金刚之撑天地，应有不可言状之体势。

具奔腾之势如天马行空，故独能雄视千古，在宣泄中领略原始生命力的奔放和驰骋，那是曾经。而此马朴拙疏瘦，如老骥伏枥，可见筋雄骨毅，沉顽雄快，只因石中有神。

（漱石枕流）

宝贝

石种：南京雨花石
尺寸：石长 6cm
收藏：陆祥明

羊绒大衣羊绒帽，
眼开眼闭憨憨笑。
（陆祥明）

水墨山峦

石种：南京雨花石
尺寸：石长 6cm
收藏：陆祥明

苍茫烟雨中，
重峦奇峰出。
（陆祥明）

唐老鸭

石种：安徽灵璧石
尺寸：26×48×23cm
收藏：陆维三

这枚活灵活现的象形石，像极了憨态可掬的“唐老鸭”。那高昂的头、长长的鸭嘴、微翘的尾羽，以及灵璧石种所特有的或深或浅的刻痕，显示粗犷、简约之美。

（蒋仁康）

俺爹俺娘

石种：内蒙戈壁石组合
尺寸：35×22×33cm
收藏：陈老二

两方内蒙大滩玛瑙组合，男左女右，神态自如，仿佛盘腿而坐的一对老夫妻在炕上唠嗑，道家常，话平生，一派祥和。创作者特别注意了环境氛围，将场景置于北方冬天的特定时空，暖炕及烟袋，墙饰及粮缸，处处体现了细节，处处展现了温馨。

（枕石）

昆仑风骨

石种：江苏昆石
尺寸：76×76×46cm
收藏：陈志高

此方昆石鸡骨峰，体量硕大，质坚如白玉片，它们有的紧密聚集成一团，巧妙搭接在一起，形成洞穴，洞洞相连，空灵异常，犹如迷宫仙境，移步换景，多面可赏。其仙风道骨的外表，坚忍不拔的品格，大气非凡的气魄，令观者无不感叹大自然的鬼斧神工！

（张洪军）

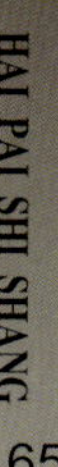

冰雪红芸

石种：江苏昆石
尺寸：25×21×15cm
收藏：陈志高

红云静不飞，
诗与画相随。
一度暖风雨，
仪态醉春晖。
（陈益）

玉兔思凡

石种：江苏昆石
尺寸：36×33×12cm
收藏：陈志高

典型的昆石鸡骨峰，犹如鸡骨状的石片纵横交错搭构而成，洁白晶莹，结构空灵；更妙的是，整个造型颇像长着长耳朵的玉兔，身体洁白如玉，头、耳、眼睛都很生动，动感十足。

（张洪军）

丝绸之路

石种：内蒙戈壁石
尺寸：60×22×10cm
收藏：陈时洪

卧沙眠雪楼兰梦，曾挽长安客相逢。
几经沧桑多变幻，寂寞沙洲冷苍穹。
晓沐尘沙雨露浅，岁月残雕影瘦空。
江南春来千里路，此出玉门便不同。

妙莲尘海

石种：内蒙戈壁石
尺寸：24×9×28cm
收藏：陈时洪

汹浪尘海观自在，清风妙莲译菩提。
滴水逢源三妙法，动静了然二修义。
般若洞彻五蕴空，慈悲虚怀度生死。
道法天地奇石缘，艺研日月心经祈。
（求石）

酒香古坛

石种：贵州乌江石
尺寸：39×25×30cm
收藏：陈时洪

古坛醇酿惊杜康，百里溢香瘾君畅。
千杯诗仙和绝唱，一醉草圣神笔扬。
（陈时洪）

大漠图腾

石种：内蒙沙漠漆
尺寸：56×24×16cm
收藏：陈时洪

大漠奇石配以精湛的木雕底座后而产生的一个最佳的审美视角由此赫然呈现：由线与面、凹与凸、高与低、粗放与细腻的要素书写的“八”字。而整个石体又是一座“八达岭”，人文与自然，远古与现代的信息，如一撇一捺，天然有序的聚合在此方大漠图腾上。

（蓝红格）

喜从天降

石种：内蒙沙漠漆
尺寸：18×16×28cm
收藏：陈时洪

一方色如黄金、纹似涟漪的沙漠漆，欣喜之余突发奇思。细若游丝、结节盘绕的精致网格上，露珠晶莹、飞蝇扑蝶，由我精琢一蛛，登网入主，一幅天人合创的“喜从天降”杰作，随意而成。

（陈时洪）

降龙罗汉

石种：内蒙沙漠漆
尺寸：17×10×7cm
收藏：陈时洪

大漠苍茫，远离海的浩瀚戈壁，却造化出海的神奇：降龙尊者降服了龙王，取回了佛经，乘龙而归。夺目的沙漠沁色，是佛祖赐予尊者立下奇功的永恒光环。法力无边的降龙罗汉，与玄妙无限的大自然，同时降服了人类的眼眸。

（蓝红格）

大漠情韵

石种：新疆泥石
尺寸：38×8×18cm
收藏：陈鸣

月光泼洒在这被遗忘的荒漠，虽空旷苍凉，却另有一番美感与韵味，这种美和韵来自简洁的形态、柔顺的线条、明净的空间。让我们隔绝窗外的喧嚣，难得地享受一番它给予的宁静吧。

（范垦程）

双峰插云

石种：福建九龙壁
尺寸：20×15×6cm
收藏：陈敏强

南北高峰齐插天，
二峰相对不相连。
晚来新雨湖中过，
一片痴云锁二尖。
（陈敏强）

奔马

石种：南京雨花石
尺寸：石长5.2cm
收藏：陈瑞枫

天马行空日万里，
奋蹄疾驰到人间；
昂首扬鬃震天庭，
喜报天下乾坤清。
（陈瑞枫）

警鹰

石种：南京雨花石
尺寸：石长7cm
收藏：陈瑞枫

停在岩岸边，
志在蓝天上。
即刻去翱翔，
守护我家乡。
（赵德奇）

祥林嫂

石种：南京雨花石
尺寸：石长 5cm
收藏：陈瑞枫

可怜祥林嫂，
鲁四家帮佣。
一生辛酸史，
没于漫雪中。
（赵德奇）

夕阳红

石种：南京雨花石
尺寸：石长 6cm
收藏：陈瑞枫

河水平湖岸，
疏风向夕阳。
横炊细雨中，
归处是何方。
（赵德奇）

春蚕

石种：江苏栖霞石
尺寸：86×28×13cm
收藏：陈瑞枫

此件栖霞石，形象逼真，形态生动，前脚撑地，昂首吐丝，以形制胜。藏者选用红木制桑叶作底座突显主题："春蚕到死丝方尽"。形、色、质、意俱佳，可鉴可赏。

谦谦君子

石种：安徽灵璧石
尺寸：13×32×8cm
收藏：陈键

瘦劲俊挺伟岸，
彬彬有礼谦涵。
君子风度神完，
文圣遗韵尽揽。
（陈键）

神山

石种：安徽灵璧石
尺寸：43×28×25cm
收藏：陈键

山形之石，左峰恰似银髯飘逸、智慧超群、凝神远眺的老子仙风；右峰宛如慈眉善目、儒雅谦恭、款款而坐的一代师表。四周峰峦起伏，群而围之、朝揖相拥，和谐与共。

（刘志成）

奥运中国风

石种：湖北藤纹石
尺寸：底座长 66cm
收藏：陈键

2008 年，正值中国北京奥运会成功举办，在圆华夏百年梦之际，以稀有的藤纹石，组合成集奥运元素的创意作品，天人相融、意出机心。睹物思情，弥足珍奇。

（刘志成）

峡谷漂流

石种：江苏吕梁石
尺寸：24×10×16cm
收藏：范垦程

上乘的景观石，不仅再现了景观，而且营造出特定的氛围。两岸险崖绝壁，棱线分明，近、中、远景齐备；危岩巨石间，激流喷涌而下。

整个景观将山峡的刚与静、水的柔与动和谐结合，其景阴冷森然，其情惊心动魄，让观者如临其境，如历其险。

（范垦程）

云崖残雪

石种：新疆风砺石
尺寸：24×10×12cm
收藏：范垦程

这方山形石形态规整，层次分明，线条到位，巧色亮丽。山头层层积雪仍在慢慢融化，而脱去了雪的外衣，山体露出其刀劈斧削般的岩肌，越发显得立体、荒凉、孤绝，充分表现了云崖残雪的景致。

（范垦程）

霞卷云舒

石种：安徽灵璧纹石
尺寸：40×25×15cm
收藏：金保铜

灵璧纹石是灵璧石中的翘楚，此石皮壳包浆盈润，质地珠圆玉润，整个石体透露着无限的柔和与温润。

整个外际轮廓线圆润饱满，正面的块体上镶嵌着“教科书”般的纹理，疏密有致，张弛有度，充满着韵律的舞动，具有音乐节奏的美感，顿感心中块垒的释然。

（鲁周）

圣洁

石种：新疆戈壁玉
尺寸：6×12×4cm
收藏：金锋

此象形石，再现达芬奇的画作《圣母玛利亚》形象，齐膝的白色袍服，尤显圣母的纯洁慈悲；而袍服左侧稍凸起的袍褶，神似圣母怀抱圣婴；稍弯屈的头部，正深情注视着怀抱中的婴儿。

（蒋仁康）

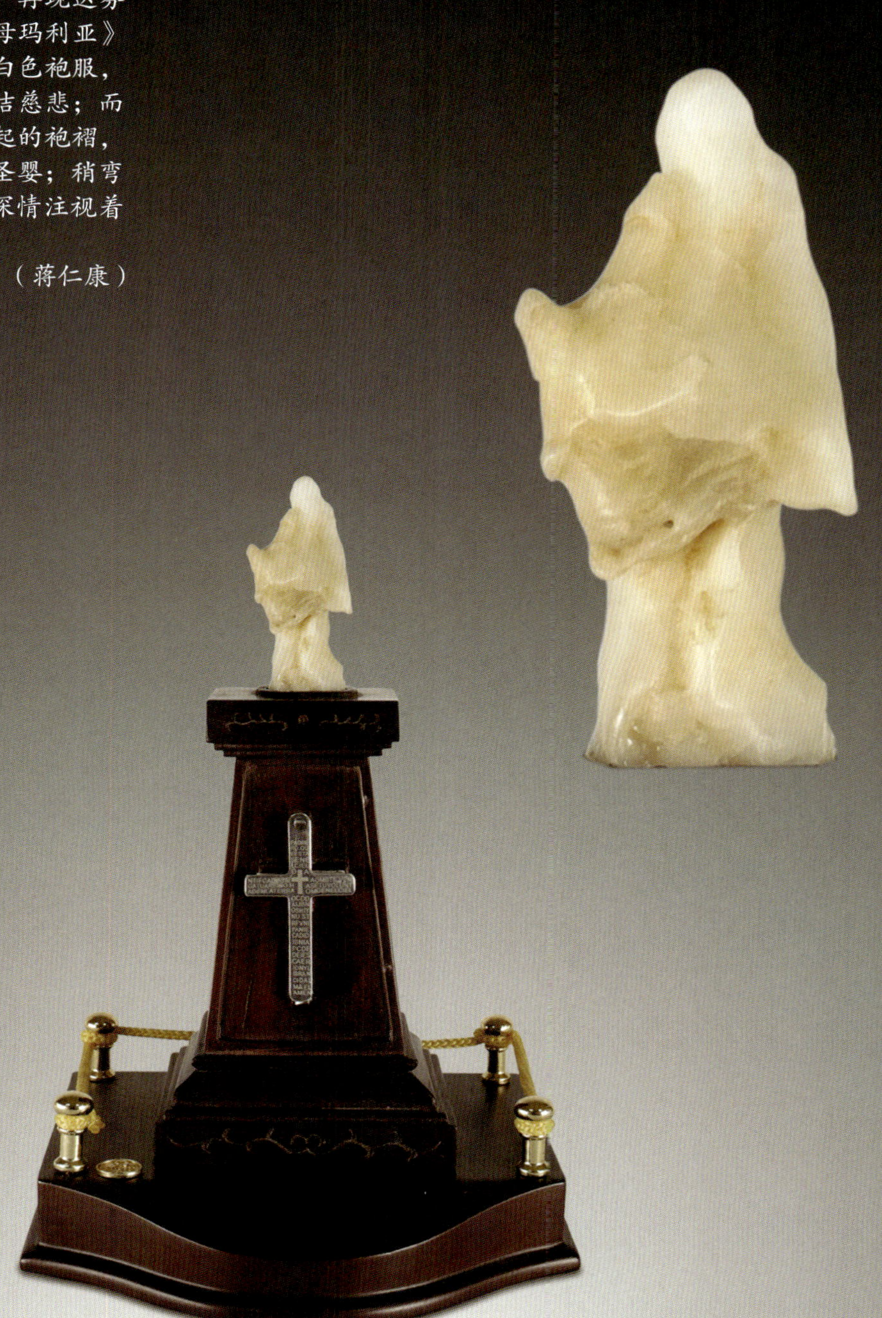

图腾

石种：广西大化石
尺寸：16×14×7cm
收藏：金嘉仕

柳州有座鱼峰山，山下有个小龙潭。相传壮族歌手刘三姐在此传唱山歌，后抗争权势，跃入小龙潭，刹那间天昏地暗，随着一道闪光，一条金色大鲤鱼从小龙潭中冲出，把三姐驮住，飞上云霄。刘三姐就此成了歌仙。

此石形、质、色、纹俱佳，不知鱼影是否与上述传说有关？

（金嘉仕）

抚琴图

石种：内蒙戈壁玛瑙
尺寸：11×7×3cm
收藏：周长兴

峨峨兮若泰山，
洋洋兮若江河。
白云苍狗变无常，
玛瑙盘出万种情。
（石童）

南窗寄傲

石种：安徽灵璧石
尺寸：45×40×25cm
收藏：周军

此石整体形状圆润饱满，外际轮廓线左收右放自然流畅，石皮纹理纵横，石质苍润。整个石面孔洞呈“窗”式，孔洞曲环贯穿，蜿蜒幽深，洞壁上悬下挂，洞深景大，风情万种。

（鲁周）

风雨归舟

石种：安徽灵璧石
尺寸：45×25×25cm
收藏：周军

此石为灵璧磬石，皮壳苍润。整个石体线条柔合，线与线的交接，面与面的过渡，自然流畅，在结实饱满的石体正面，鬼斧神工地形成了一排幽深的孔洞，钟乳状的隔断派生出若干个“天地中的天地”，完美地诠释了“空故纳万境”。

（鲁周）

水云间

石种：安徽灵璧石
尺寸：45×30×24cm
收藏：周军

此为灵璧磬石，皮色青润，石质细腻脂润，风化度老到苍润。整个石面形成两个围合，两组环合形体把整个气场聚敛在一个小小的真我时空，天镂神雕的水线纹平行地布满了整个块面，使整个空间的气流如行云流水，整个山势仿佛正舞动着生命的韵律。

（鲁周）

福玲珑

石种：内蒙缠丝玛瑙
尺寸：23×6×5cm
收藏：周明章

这方玲珑石，色质洁白如玉，整体造型玲珑剔透，集“瘦，皱，漏，透”于一体，上下各有一个圆孔，远看极似一个“8”字。寓意大吉大利，故名“福玲珑”。

这正是：世有玉玲珑，蕴玉报春晖。我有福玲珑，赏石福临门。

（周明章）

孔雀

石种：湖北孔雀石
尺寸：18×12×6cm
收藏：周明章

此孔雀石质地厚重润泽，光泽如绿玉，石皮上有圈圈花纹，更添清俊雅致。整体比例适当，尤其孔雀头部逼真，微侧，眼睛圆睁，似在迎客观望。孔雀尾翼整齐，姿态矫健，栩栩如生。

（周明章）

普陀山

石种：福建九龙壁
尺寸：33×18×22cm
收藏：周明章

佛教四大名山之一的普陀山，形似苍龙卧海，其神奇、神圣、神秘驰誉中外。

这方九龙壁颇似普陀山，石质坚韧，温润如玉，石色青绿，富有生机。其主峰与次峰排列有序，山谷布局适中，山形跌宕起伏，是山形石之经典。

（周明章）

大道至简

石种：贵州南盘江石
尺寸：48×25×15cm
收藏：周易杉

日本水石近于禅，唯追求心灵安静，所以都崇尚简约和深色。其实简约静心的山形石极其难得，此石便是。

（周易杉）

曲子优容

石种：安徽灵璧石
尺寸：55×45×18cm
收藏：周峥嵘

石肌，嶙峋突兀，皮老鳞苍，黛色幽玄；造型，张曲有度，似剑龙之脊，张力十足，正蓄势待发。

（钟陵强）

劲健

石种：安徽灵璧石
尺寸：30×46×19cm
收藏：周峥嵘

此石造型简洁而奇特，硕大的石体，呈现一个立体的篆体“石”字，笔划古拙苍雄，石面上布满沧桑岁月留下的纵横刻痕，而石底还积淀着洪荒年代的万顷波涛！

（钟陵强）

金兔迎福

石种：内蒙沙漠漆
尺寸：12.5×11×8cm
收藏：周勇

眼前的金兔全身披沙漠漆彩，充满卡通情趣。它天真乖巧，神情闲逸，噘着小嘴，瞪看小眼，品赏着萝卜的香味，颇有福娃似的喜庆模样，呈现出金兔的玩心和孩儿的童趣。（周勇）

春思

石种：内蒙沙漠漆
尺寸：18×26×12cm
收藏：郑文

金黄的斗篷虽遮隐了苗条的身段，低首含羞的面容也不見柳眉、凤眼、樱桃小口，然清灵舒缓、飘逸柔和的衣褶却恰似春风，为少女的形象注入了生命的萌动。

搜不尽的天下美女之姿，写不完的妙龄青春之词，却抵御不住对眼前精灵的爱慕。

（刘志成）

八仙过海

石种：内蒙戈壁石组合
尺寸：底板宽 30cm
收藏：孟宪东

神奇组合，奇巧搭配；神似八仙，各美石仙。石座画龙点睛，衬石锦上添花。洒脱铁拐李，站立龙头拐杖者；何仙姑坐莲花座；汉钟离轻踏“芭蕉扇”……真是：“八仙过海”显神奇，小品玛瑙聚灵通。

（蒋仁康）

春蚕

石种：内蒙戈壁玛瑙
尺寸：蚕长 3cm
收藏：孟宪东

一片静静叶，一条爬行虫。静态凸显爬，动赏勤劳蚕。嫘祖创蚕业，人慕丝绸衣。赏石赞赏蚕，春蚕到死丝方尽；赏蚕敬畏石，拜石人生美社会。

（蒋仁康）

雄鸡

石种：内蒙沙漠漆
尺寸：20×11×14cm
收藏：孟宪东

昂首美挺立，石奇神似鸡。跃跃欲试飞，引吭高歌啼。

《诗经》云“风雨凄凄，鸡鸣喈喈。”君子处乱世，不变人气节。

润泽沙漠石，温馨石座家。尾羽如绽花，石肤似雄鸡，座似草饰纹。古人爱屋及乌，亲切称花“鸡冠花”。

（蒋仁康）

仙桃

石种：内蒙戈壁玛瑙
尺寸：3×4×3cm
收藏：孟宪经

好美仙桃！心形造型，竖显桃形凹痕，整石显示桃的粉红颜色，真是活脱脱一只刚摘下的仙桃，酷肖逼真。

赏石浮现《西游记》："仙桃常结果，修竹美留云。"赏玩石桃，心游仙境。

（蒋仁康）

江南水乡印象

石种：内蒙风砺木化石、内蒙戈壁石组合
尺寸：船 20×10×9cm
收藏：赵国屏

风砺硅化木，少见象形状物的，这方硅化木像是江南水乡的乌篷船，形成难度极大，渔翁的动感和俏色也很到位，堪称珠联璧合。
（枕石）

刘姥姥游园

石种：内蒙戈壁石组合
尺寸：底板 48×31×20cm
收藏：赵钟慎

孤石独立，假山群叠，垂柳迎风，高低远近错落有致，暗含富贵园林气度。裘皮貂衣、雍容华贵的主人与西施名犬的嬉戏，置于画面中心，偏远处衣着素淡、表情惊异的老妪人物，与主景形成强烈的反差。整个作品只须一语轻点，寓意皆出，出神入化。

（刘志成）

渡海观音

石种：内蒙戈壁石组合
尺寸：底座 36×18×14cm
收藏：赵钟慎

观音菩萨妙难酬，清净庄严累劫修。
三十二应周尘刹，百千万劫化阎浮。
瓶中甘露常遍洒，手内杨枝不计秋。
千处祈求千处应，苦海常做度人舟。

终南雪霁

石种：安徽宣石
尺寸：36×16×12cm
收藏：赵德奇

此安徽宣石极具山水画意，比例和谐、构图严谨、反差适中，好一幅雪山消融图。

（赵德奇）

战争与和平

石种：内蒙盘丝玛瑙、
四川长江石
尺寸：架 75×65×26cm
收藏：赵德奇

这个组合创作于2003年，用长江石、内蒙盘丝玛瑙和书籍组成“战争与和平”，较早地进行了观赏石组合的探索和实践。
（赵德奇）

繁花似锦

石种：内蒙戈壁、玛瑙、矿晶等组合
尺寸：框 47×47×9cm
收藏：赵德奇

用多彩的矿晶原石、天然的马料花瓶、传统的镶嵌工艺，表现了静物油画的意境，颇具创意。

（赵德奇）

春华秋实

石种：广西古陶石组合
尺寸：35×35×3cm
收藏：赵德奇

用深浮雕的艺术手法，生动地表现了枝叶与天然古陶石沉穗的相合成趣，用颜氏家训点明了主题，构成一幅春华秋实图。

（赵德奇）

别离

石种：内蒙黄碧玉、马料玛瑙组合
尺寸：框 38×23×3cm
收藏：赵德奇

将两方内蒙古黄碧玉镶嵌设计成画屏形式，人物窃窃私语、形象生动，时代服饰准确。加以书法点题，富于遐想。

（赵德奇）

秦汉风骨

石种：广东英石
尺寸：36×8×7cm
收藏：赵德奇

用瓦当、古砖、菖蒲、英石混搭，突出表现了英石古老瘦皱、秦汉风骨的气质，在布局展示上作了走心的思考。

（赵德奇）

凌云峰

石种：广东英石
尺寸：128×30×20cm
收藏：胡丰明

此石为白色英石，石质细腻，叩之声音清脆悦耳，十分罕见。瘦态婉约，有欲冲凌霄之势，望之使人顿生凌云之志，洞穴透天，具传统赏石“瘦、皱、漏、透”之典型特征。

（胡丰明）

鹰击长空

石种：安徽灵璧石
尺寸：22×13×6cm
收藏：胡丰明

此石形态似雏鹰，欲展翅腾飞，显搏击长空之势，极富动感，而其最独特处，则是在头部有一洞穴，妙趣横生，恰到好处，起到画龙点睛之妙。

（胡丰明）

飞龙

石种：江苏太湖石
尺寸：280×230×100cm
收藏：胡丰明

其形态神似腾龙，昂首向上，呈腾飞之势，集传统赏石“瘦、皱、漏、透”元素于一体。洞穴透天，瘦态婉约，线条流畅，凹凸韵致。且以独具风神之韵，内涵深邃之态。

（胡丰明）

天籁

石种：吉林松花石
尺寸：126×21×10cm
收藏：柳国兴

仿佛是一架琴，木纹层理清晰可辨。分明是一架琴，天籁之声不绝如缕。亿万年前的松花石，演绎着高山流水不了情。

（枕石）

清供

石种：安徽灵璧纹石
尺寸：26×56×16cm
收藏：柳国兴

少见的一石两景，竖作立峰横看游鱼，意象象形各得其所。要紧的是，这是灵璧石中的纹石，周身纹理纵横遍布，又有几处洞孔环绕，极为难得。

（枕石）

鸟语

石种：新疆风凌石组合
尺寸：座宽 23cm
收藏：柳国兴

两方新疆风凌石，体量相仿，色彩相似，造型相近，颇似两只金丝鸟，一雌一雄，上顾下盼，羽翅生动，十分传神。

（枕石）

山居

石种：内蒙戈壁石
尺寸：座长 30cm
收藏：柳国兴

独石成山，岩岫峥嵘。
野居少客，四时皆景。
林壑小隐，桃源胜境。
（枕石）

灵珑

石种：黄太湖石
尺寸：33×68×20cm
收藏：柳国兴

有年纪的太湖石，包浆十分浓厚，质地近似玉化，造型似与不似。三处孔洞由小而大，自下而上，通透灵动，十分点睛。

（枕石）

雪玲珑

石种：江苏昆石
尺寸：33×50×20cm
收藏：柳国兴

昆石少见大材，难得纯净。这方昆石体量硕大，造型云头雨脚，周身孔穴遍布，色泽晶莹剔透，十分大气养眼。

（枕石）

鱼乐

石种：戈壁玛瑙小品石
尺寸：底座宽 30cm
收藏：柳国兴

三方戈壁玛瑙小品石，造型相似，色彩各异，左顾右盼，动态十足，座架构思巧妙，十分妥帖地将三条鱼融为一体，仿佛是鱼缸中的金鱼，正在优哉游哉。

（枕石）

蒸云

石种：白太湖石
尺寸：38×45×25cm
收藏：柳国兴

太湖石以透漏见长，此方石头窍穴颇多，瘦骨玉身，倒挂独立，形同蒸云，冉冉升腾，颇具传统赏石之古韵。

（枕石）

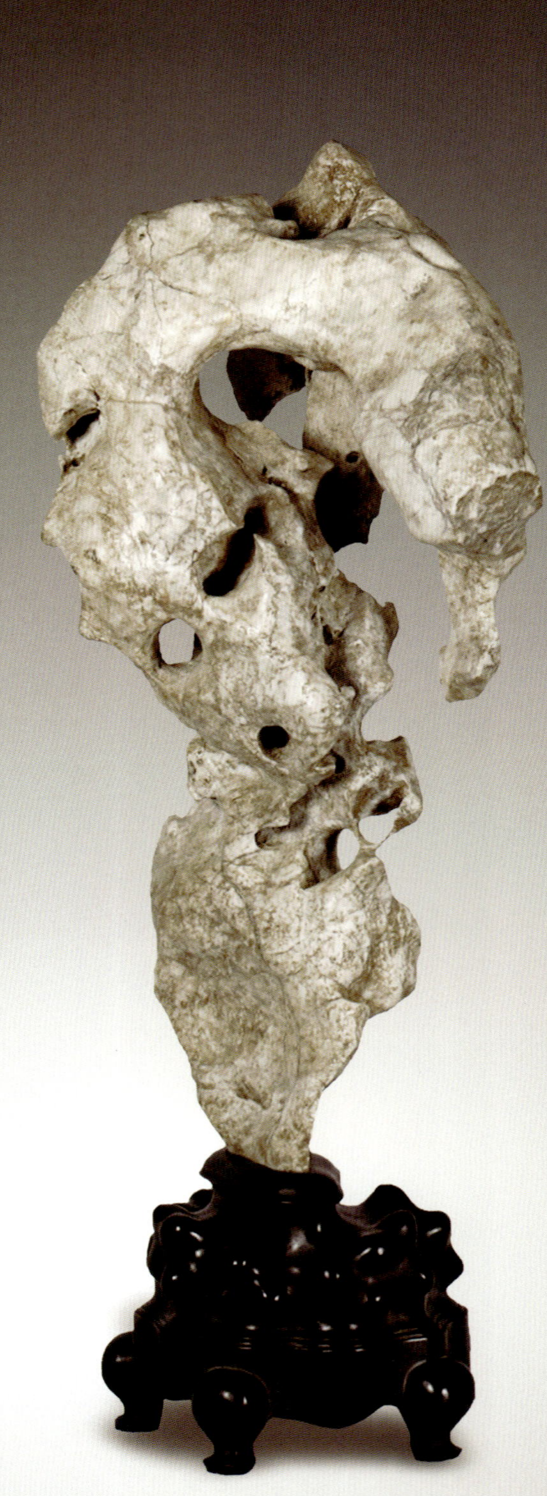

千古陶俑铸神韵

石种：内蒙戈壁玛瑙
尺寸：连座高 12cm
收藏：钟陵强

这件玛瑙小品石，造型生动、诙谐、夸张，看那咧着大嘴，开怀大笑的神态，扬腿张臂，手舞足蹈的乐劲，尽管没鼻子没眼，但石之形态，已把汉代“说唱俑”的神韵表现得淋漓尽致，妙不可言。

（钟陵强）

月是故乡明

石种：新疆风凌石与海洋玉髓组合
尺寸：12×10.2cm
收藏：钟陵强

一片海洋玉髓恰似一轮明月，月光皎洁，树影婆娑；一件双色戈壁石，恰似奇峰清江，倒影绰绰，配上富有创意的山岩林木状的悬空底座，巧妙地营造了明月照山河的乡愁诗境。

（钟陵强）

山野劲风

石种：陕西陈炉石
尺寸：22×9.5cm
收藏：钟陵强

长方型的天然浮雕石，呈现的是古朴厚重的汉画砖风韵。石中似有一神女，在黑云翻滚的山野中疾走如飞，狂风乍起，把长裙吹得上下翻舞，展现出欲腾空飞天的身姿。

（钟陵强）

桃园幽梦

石种：台湾玫瑰石
尺寸：23×17cm
收藏：钟陵强

来自台湾宝岛的切片玫瑰石，石中色系以黑、白、灰、棕色衬托的桃粉色，显得格外耀眼，构画了桃花漫山，白云飘忽，幽谷深深，山泉汩汩的世外桃源的梦境。“桃花尽日随流水，洞在清溪何处边”。这正是古人的寻梦之地！

（钟陵强）

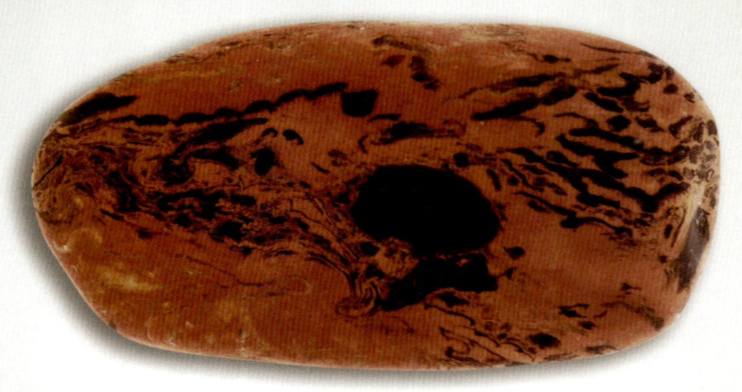

云舒浪卷

石种：南京雨花石
尺寸：石长4.7cm
收藏：钟陵强

南宋画家马远曾画过一组曲尽其态、穷水之变的《水图》，获“千古画水第一家”美称。其中之一的“云舒浪卷”图，描绘了翻江倒海的壮景。此石图景，构图笔意与之相同，古意盎然，真乃天公神迹。

（钟陵强）

黄河逆流

石种：南京雨花石
尺寸：石长4.7cm
收藏：钟陵强

这是同石的另一面，呈现出马远《水图》组画的另一幅“黄河逆流”图。马远笔端下那黄河浑厚凝重，浊浪翻滚，如雷灌耳的阵势，在方寸石面上尽展峥嵘气象。

（钟陵强）

田横石影

石种：南京雨花石
尺寸：石长7.1cm
收藏：钟陵强

石色古黄拙朴，上有白纹缭绕，两侧隐约墨痕，石中显眼处，一个比例恰当的人物剪影赫然在目，那不正像徐悲鸿大师油画名作《田横五百士》中田横的身影吗？那拱手作别，昂首挺胸，抬望苍天的身姿，虽无面目，但神情俱在，千古豪杰的形象跃然石上。“五百壮士尽隐去，独留田横照汗青”。

（钟陵强）

泰山顶上一青松

石种：南京雨花石
尺寸：石长6cm
收藏：钟陵强

浅棕色石底，一座极富墨韵的山峰伟岸挺拔，山顶一巨松，枝干遒劲，树冠如华盖罩顶，“亭亭山上松，瑟瑟谷中风。”俯看山下逶延而下的九曲黄河，大有一览众山小的气概。浓淡枯湿，笔墨精妙，真乃天公妙笔胜丹青。

（钟陵强）

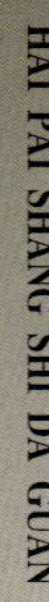

千年一壶

石种：新疆风凌石
尺寸：石高 10cm
收藏：俞莹

千年一壶，石寿万古。
天公妙手，满载祝福。
（枕石）

米芾拜石

石种：内蒙戈壁玛瑙、广西大湾石组合
尺寸：面宽 28cm
收藏：俞莹

米芾的痴，石丈的奇，这个流传千年的赏石佳话，全在这深深的一拜之中。

（枕石）

山居

石种：新疆泥石、内蒙戈壁玛瑙组合
尺寸：板宽 28cm
收藏：俞莹

山居绝红尘，斋戒无扰纷。
品茗嘘天寒，闲坐见松贞。
（枕石）

蹄膀

石种：内蒙沙漠漆
尺寸：宽 22cm
收藏：俞莹

玛瑙质的沙漠漆，全身带有罗汉纹，肌理饱满丰富，色泽明快诱人，造型似蹄髈，让人垂涎欲滴。

（枕石）

无相

石种：广西大湾石
尺寸：高 12cm
收藏：俞莹

古代印度犍陀罗雕塑艺术中的人物衣袍，类似我国北齐时期的绘画的“曹衣出水”，褶纹紧密，如披薄纱，十分灵动。多见于佛教人物，令人想见其风采。

（枕石）

道骨仙风

石种：福建九龙璧
尺寸：高 15cm
收藏：俞莹

仿佛是一位古代高士，宽袍袖长，昂首挺胸，仙风道骨，一副不食人间烟火之相。

（枕石）

文房四宝

石种：广西大湾石组合
尺寸：笔架高 6cm
收藏：俞莹

一组大湾石，体量相仿，色泽相近，笔架、砚、墨、书，一应齐全，文气十足。

（枕石）

远祖

石种：广西来宾黑珍珠
尺寸：30×41×22cm
收藏：施刘章

一位古人，目光深邃，嘴角噘起，神情庄重，又若有所思。

是否，天圆地方的理念，靠他敏锐的目光；

是否，天人合一的想法，是他苦思的结果；

是否，神造天地的事件，使他受到了启示。

（宦振宏）

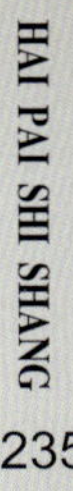

玉 兰

石种：广西大化石
尺寸：36×40×26cm
收藏：施刘章

“玉兰”花系上海市“市花”，它象征着和平、友谊、开放、健康，备受人们喜爱。

此方大化彩玉石，色彩丰富，光洁如玉，温馨柔美，优雅的线条恰当地表现了玉兰花洁白如玉的质感。迎风摇曳，神采飞扬，清新可人。

此石变化巧妙，水洗到位，形象逼真，不可多得。

（施刘章）

年年有余

石种：广西梨皮石
尺寸：76×42×38cm
收藏：施刘章

年年鱼汛年年至，万载龙门高入天。
既有痴心争向上，何求囊内有余钱。
（官振宏）

狮峰

石种：广西大化石
尺寸：142×100×65cm
收藏：施刘章

此大化石外形层叠，变化多端，错落有致，九曲回肠，整个形状犹如一尊雄狮巍然屹立，傲视前方，气势雄浑，似长啸之势，威震山河。此石经过红水河亿万年的冲洗，万般坚韧，显得更加靓丽，令人赞叹！

（施刘章）

向往

石种：广西梨皮石
尺寸：55×56×36cm
收藏：施刘章

羽翼不丰，无法展翅，却挡不住，心的飞翔，别人的冷眼，只是我前进的动力，我的心中存着一个梦想。听说，在那遥远的地方，有个神奇的所在，人们叫它——香格里拉。

（宦振宏）

雄鹰展翅

石种：广西百色纹石
尺寸：44×29×19cm
收藏：施刘章

为鲲，则背覆三千里。
为鹏，则上天九万里。
下有入海斩蛟之能，上存升天蔽日之力。
展翅何所求，燕雀岂安知。

（宣振宏）

天书解《论语》

石种：新疆风凌石
尺寸：原石 18×16×2cm
收藏：宦振宏

《论语》核心皆曰仁，《论语》所论皆为人。

儒家引领华夏文明逾两千载，《论语》为其经典。此石得之要义。对石如斯更属难得，不多不少，巧成“仁人”二字。字口尽皆风化，大小相当，又得魏碑之风。堪称天人合一之赏石至高境界。（宦振宏）

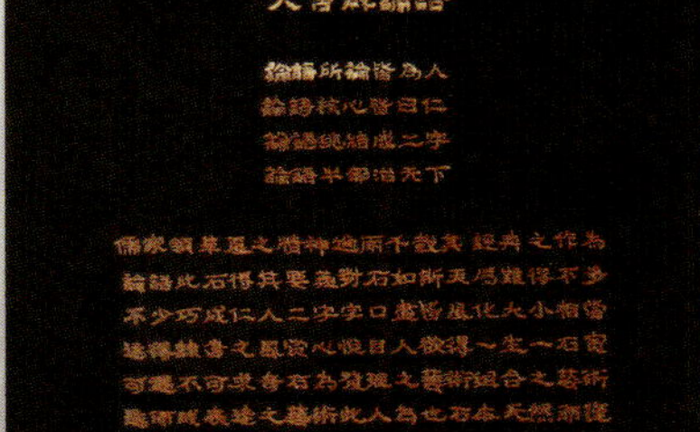

美猴王

石种：南京雨花石
尺寸：石长 10cm
收藏：宦振宏

席卷蟠桃宴，
抛官返洞天。
不堪留世俗，
苟且做神仙。
（宦振宏）

林黛玉

石种：南京雨花石
尺寸：石长 3.6cm
收藏：宦振宏

云鬟雾鬓头饰钗，素颜垂首枉凝眉。婀娜的体态，质感强烈的绿裳，带着淡淡忧郁的神情。若非林妹妹还会是谁呢？

（宦振宏）

峰回路转

石种：广西彩陶石
尺寸：16×15×13cm
收藏：费正道

彩陶石往往以赏色为主，少见造型主题，难得深邃意境。此方彩陶色分绿黑，一峰突兀，半山腰平台十分平坦，景深幽远，引人入胜，仿佛画本。

（枕石）

湖山圣境

石种：贵州盘江石
尺寸：30×8×18cm
收藏：费正道

盘江石多见景观，平底难得。此方奇石峰峦起伏，高低错落，前后层次感极强，比例和谐，尤其是群峰中间一处天池，位置妥当，蓄雨聚云。

（枕石）

泼墨洒金

石种：广西大化石
尺寸：58×28×32cm
收藏：姚飞

形态造型端严，层台结构清晰，线条游走流畅，石肤光洁如洗。尤其是色彩，泼墨洒金，光彩粲然，素雅动人，瑞气深藏。整石可谓浑厚凝重，气势宏博，洋溢着天地之精气。

（范垦程）

天青远峰出

石种：安徽灵璧石
尺寸：56×23×28cm
收藏：姚飞

灵璧石中少见的条带石，其形态常有出众者。包浆滋润、色泽黝亮的峰峦，一锐挺，一陡缓，各具风姿；峰下浅色条带，犹如云雾环绕，流畅自然；带上带下，石体“虚”“实”相谐，天然成趣，简约大气，饶富古意。

（范垦程）

小皱云峰

石种：广西八音石
尺寸：38×58×23cm
收藏：秦明兴

此石外形上巨下削，褶皱深刻而排列有序，具蒸腾向上之势，仿佛岫云乍起，仪态雍容而摇曳生姿。较之江南三大名石之一的“皱云峰”，形追韵足，名为“小皱云峰”十分恰当。

（秦明兴）

宝坛

石种：广西来宾石胆石
尺寸：36×26×26cm
收藏：原缘源

石胆石中少见的奇巧之品，酱红色的饱满坛身彰示着年代的久远。坛顶上十分怪异地有五个凹形不规则块状，边缘光滑平整，拼接严丝合缝，令人啧啧称奇。

（蓝红格）

王者之风

石种：广西来宾石
尺寸：41×37×15cm
收藏：原缘源

石质细腻光滑，色泽古朴沉稳，石肌清晰且有质感。石体下部天工洞开穴窍，通透灵动。踞高之姿，雄风之势。王者之风。神韵逼真，令人赏心悦目且惊叹天地造化之奇之美。（蓝红格）

龙陵山子

石种：云南黄龙玉
尺寸：25×18×12cm
收藏：原缘源

巍峰独立，如削如瓒，其势峭立接天，宛然兀出。暝色渐氲，沐晚霞似披金甲，熠熠生光。天上人间，领挈诸胜，唯有此景绮丽。

（徐晓）

交泰宝玺

石种：贵州青
尺寸：35×32×33cm
收藏：原缘源

国以信为本，故君以玺为证而信行天下。玺者，信之形也。

此形、色、质、肤俱佳的玺状奇石实乃人杰石灵，源于“地天交”之泰和人与石之缘。古人云：灵瑞生于盛世，是世之兆，世之需也，今“交泰玉玺’现于这个伟大时代，亦如是乎？信之于国、于君、于民，若交泰玉玺，亡之俱失，居之俱得也。

（陈西）

空谷清音

石种：贵州盘江石
尺寸：45×39×30cm
收藏：原缘源

巫山厚重，高入云，细水涓涓，下蜿蜒。
山如水，水如山，巍而柔，柔而刚，空山自流响。
（张阳丹璐）

太极

石种：广西来宾纹石
尺寸：16×11×19cm
收藏：原缘源

色泽玄黄，意为宇宙自无极而至太极，天地混沌未开。纹线力聚势冲、气和意谐、灵动流转，如仰观宇宙之大，俯察品类之盛。石形高低错落、凹凸互现，开合有度、刚柔并济、动静相宜，阴阳两仪初生，太极始出。

一石两观，意味通达，两仪之相。

（刘志成）

红红火火

石种：内蒙戈壁石
尺寸：30×31×10cm
收藏：原缘源

难得一见的戈壁红玛瑙，呈柱状结构造型，包浆滋润，错落有致，仿佛冬天里的一把火，融化了你我的心窝。

（蓝红格）

哮天神犬

石种：来宾纹石
尺寸：66×75×45cm
收藏：原缘源

都以为哮天犬是传说中的神兽，是想象出来的造型，但此石却为它正名，还保持着护卫的姿态，身披赭色战衣，昂首竖耳，威严地蹲守，枕戈待旦；满身是降妖伏魔的印记，也是英雄的战绩。不管世事如何轮转，忠诚不变，是哮天神犬的使命，也是石的本真，更该是人的品格。

（晁彩虹）

谁动了我的晚餐

石种：内蒙戈壁玛瑙组合
尺寸：左 12×11×3cm
收藏：顾卫东

你是虫儿它是果，虫儿饿极要吃果，
谁知果子已有主，捷足先登剩无多。

周口店遗址

石种：内蒙戈壁玛瑙
尺寸：22×13×13cm
收藏：顾卫东

洞中猿人头骨在，
出土现场壁上观。

小清供

石种：新疆风凌石
尺寸：左 7×12×4cm
收藏：顾铁军

两块小石头相得益彰，
呈古典赏石之幽美。

瑶琳仙境

石种：南京雨花石
尺寸：石长 7cm
收藏：钱自良

此石面荡漾静波带山光，澄澄碧水垂柳影，好一幅瑶琳仙境图。唐代诗人朱庆余有句：春溪缭绕出无穷，两岸桃花正好风。恰似扁舟堪入处，鸳鸯飞起碧流中。

（钟陵强）

伟人在庐山

石种：南京雨花石
尺寸：石长 5.2cm
收藏：钱自良

雾笼云霞，山花凝锦。一伟人倚椅而坐，抬望慧眼，思绪万千："暮色苍茫看劲松，乱云飞渡仍从容。"

（钟陵强）

红狐

石种：安徽灵璧石
尺寸：64×33×25cm
收藏：钱学武

玉质红灵璧石，形态自然概括，头尾身爪栩栩如生，似狐影变幻的瞬间定格。皮壳古拙，色彩沉着，充分体现了智慧警觉的灵狐品性，又平添了几分镇定自若的大气。

（钱学武）

狐山仙境

石种：广东英石
尺寸：52×28×25cm
收藏：钱学武

白英石象形景观，以白狐与仙山洞窟的结合，体现灵性与永恒的碰撞。配以“五狐朝仙”创意木座，其意境愈加悠远神秘。
（钱学武）

大地母亲

石种：内蒙戈壁石
尺寸：28×24×18cm
收藏：钱学武

玛瑙碧玉共生的乳形山体，形态饱满，色泽滋润，光影中鲜活圣洁。借助群山形的红木基座烘托，寓意大地如母亲般的养育之恩，诗意隽永、气势磅礴。

（钱学武）

龙棺

石种：内蒙戈壁石
尺寸：13×8×6cm
收藏：倪国强

头高尾平踏四方，雕花刻字主吉祥。
化煞解厄位南端，寿如天长龙棺床。

慈航

石种：缅甸木化石
尺寸：58×18×16cm
收藏：徐文强

卷云歌舞已亿年，炼得真身在人间。
而今慈航渡苦海，静修功果觅仙缘。

独特的木质肌理和天然的木质卷纹遍布石体，恰似浪花翻滚，浮云流动，动感十足，气象万千；奇异苍朴、瑰丽华贵的色泽令人遐想。水浪高脚架，动感飘逸，轻盈精巧，将木化石顺势托起，有如逐浪轻舟，动静虚实之间有一种飘然若仙的超脱感觉。

（徐文强）

升官发财

石种：广西大化石
尺寸：8×21×8cm
收藏：徐文强

此石异乎寻常的绚丽外皮，犹如大红泥金，预示着成功辉煌的人生。底座使用传统寿棺的置放形式，以凳代座，精雕九朵如意灵芝，兆示人生精彩百年，平安高升，蕴藏着丰厚的民俗文化之内涵。

（徐文强）

天鸡（机）

石种：安徽灵璧石
尺寸：37×21×30cm
收藏：徐文强

此石石皮苍古，肌理丰富，纹路清晰；且立体成型，远近俯仰皆可欣赏。更叫绝的是此石整体比例、大小与真鸡十分接近，且极富动感。只见它羽毛蓬竖，双翅作振扑状，蓄势待发，如炬的目光犀利地注视着前方，仿佛在警觉，在洞察。

深浮雕的云纹底座，回旋成涌动的云焰，具有了超越想象的沉静气质，一动一静、欲扬先抑，奇正相间，赋予了作品深远的哲理，恍惚间隐喻出神秘的天机……

（徐文强）

光华万代

石种：广西彩陶石
尺寸：52×51×24cm
收藏：徐文强

彩陶石中的黄彩陶石是十分稀少的，尤其是体量硕大，不含杂色的金黄彩陶石尤为珍贵。此石水洗度极佳，石质细腻凝脂，无任何绺纹崩口，石形方正端庄，颇具皇家风范，给人一种明艳阳刚，堂堂正正的威仪震慑之感。石右上部有一块小唇突兀，柔润丝滑，抚之如婴儿肌肤。

底座为加鼓钉装饰，适口随石形而薄唇轻裹，华丽之外又平添了几分霸气。

（徐文强）

石全石美

石种：新疆风凌石等
尺寸：几架宽 100cm
收藏：徐文强

这件组合作品囊括了羊肝石、沙漠漆、玲珑石、风凌石、孔雀石、化石、英石、水石、石胆石、木化石这十个石种，每一件独石从形、质、色、纹、韵各方面来看都极具特点，又难得彼此体量均衡，颜色协调，互动有致，美不胜收。这种组合在多宝格中的随性调整，更给藏家提供了无限的创作空间。

（徐文强）

福禄寿

石种：内蒙沙漠漆、广西来宾石等组合
尺寸：主石均 25cm
收藏：徐文强

这组几架组合，堪称经典范例，选石非常精到，创意形式相得益彰，每个组合都有各自的内涵主题可以挖掘，寓意深刻，配置独特，色彩和谐，神完气足。

（求石）

奋远

石种：安徽灵璧纹石
尺寸：49×54×23cm
收藏：徐文强

此石造型飘逸轻灵，皮壳肌理深刻，包浆凝重，丰腴滋润。整体线条柔畅，四边可视而无残痕。纹石很少出形，而此石有如猛禽飞跃之动感，具搏击长空之气势。配座构思细腻，灵芝纹单纯稳定石基，使观赏者体会到吉祥如意鹏程万里的感觉。

（徐文强）

水的故事

石种：广西大湾石组合
尺寸：底板 6×28×8cm
收藏：徐文强

三枚形态各异、相同石质的大湾石人物，用一块大化石做底板，并辅助了几件小道具，使人物形象更加生动逼真，一个盘坐在地，装聋作哑；中间的长者，正在指手画脚；旁边的那个瘦者貌似恭敬听讲，空空的水桶撂在一边……此情此景，使人想起了《三个和尚》的故事，不由得忍俊不禁。

（徐文强）

灵秀

石种：内蒙葡萄玛瑙
尺寸：23×57×16cm
收藏：徐林林

玛瑙冰姿晶莹剔，
瑞珠宝光嵌玉体。
匠心思来灵秀峰，
泓澄涵象案供石。
（求石）

海市蜃楼

石种：缅甸硅化木
尺寸：80×31×27cm
收藏：徐林林

云吞气象楼台隐，海上空阙广野影。
天边一派奇观景，卷上珠帘总关情。
（求石）

小玲珑

石种：太湖石
尺寸：55×90×33cm
收藏：徐林林

钟毓顽磐小玲珑，
邈深洵幽大世界。
嵯峨嵚崟华阳洞，
今古晴阴匪我解。
（求石）

草堂

石种：贵州乌江石
尺寸：36×15×14cm
收藏：徐林林

浣花溪畔青华路，落叶惊飞白羽鹭。
诗圣有句在草堂，茅屋绝唱传千古。
（求石）

青山如黛

石种：广东孔雀石
尺寸：17×15×12cm
收藏：徐林林

青山如黛矗峰连，
孔雀东南碧空闲。
秋声柔情相思泪，
林林总总吟大千。
（求石）

老子出关

石种：湖北绿松石
尺寸：30×18×10cm
收藏：徐林林

青牛西出函谷关，千里之外路不还。
老聃留下道德经，无为而治世代传。
（求石）

静观

石种：吉林松花石
尺寸：40×24×10cm
收藏：徐林林

峰回路转松花江，层峦起伏山叠嶂。
春夏秋冬万物动，静观素鲔石敢当。
（求石）

峤云峰

石种：浙江昆石
尺寸：56×108×38cm
收藏：徐林林

雪拥峤云起，风抱供石立。
三秋凝月静，影辉丑文奇。
累物无象形，遂愿赏痕迹。
天高任舒卷，闲鹤舞同济。
（求石）

传文弘德

石种：广西大化石
尺寸：26×39×11cm
收藏：徐忠发

大化石以润泽细腻、雍容华贵享誉于世，少见如此质朴典雅、冷艳素面之美珉。更令人称绝的是，玄黄之色构成的图案，疏密有致、浓淡相宜，似仰观天之象，俯察地之形，吐曜含章，将赏者的想象带入洪荒初开之境。

（刘志成）

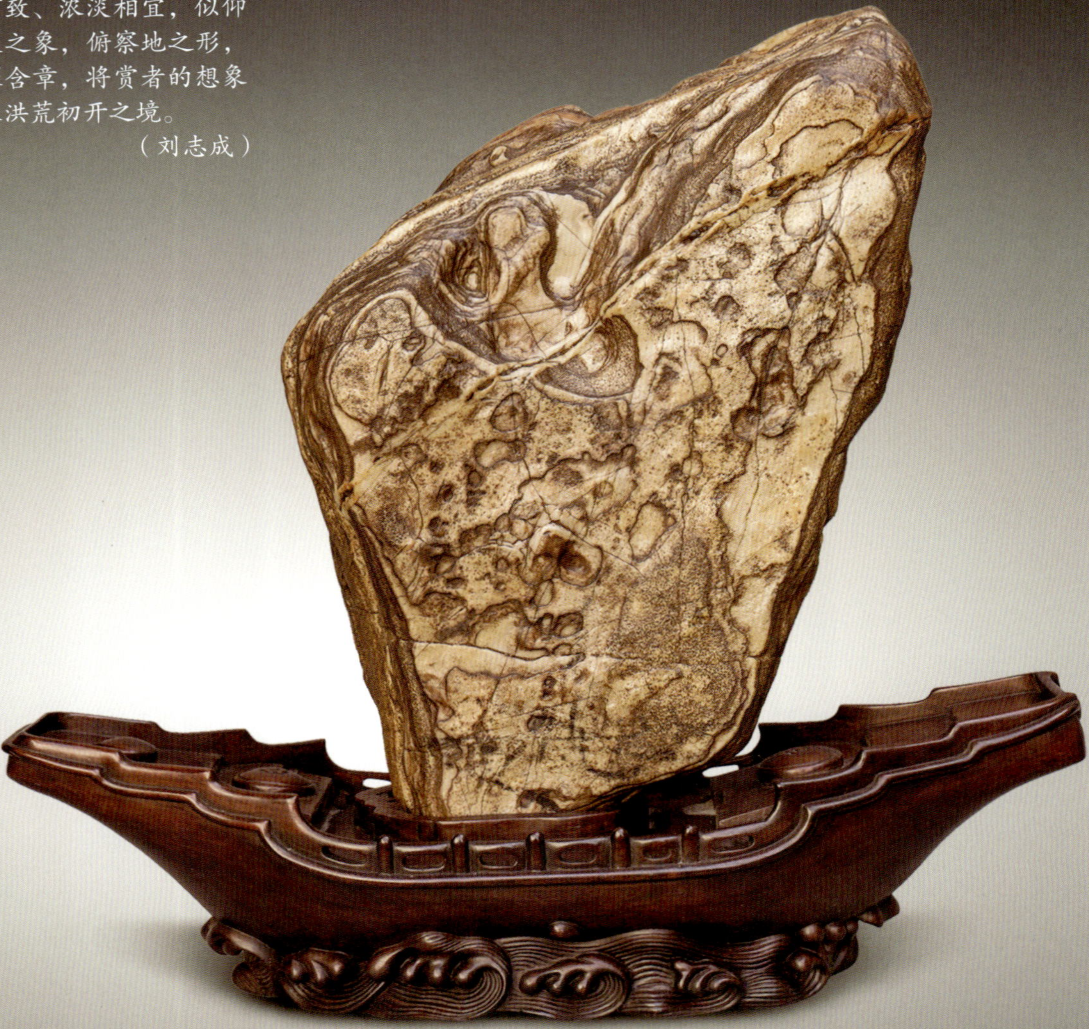

海之精灵

石种：贵州乌江石
尺寸：60×28×30cm
收藏：徐忠发

源出乌江，浸淫乌江，酣畅淋漓地吮吸乌江水，却神奇地造化出海之精灵，将海的波纹、浪花、水珠，以一种古朴迷幻的釉绿，永恒烙印在坚硬润滑的肌肤上，关照出令人无限遐思的内涵层面。

（蓝红格）

秋风残月夜

石种：南京雨花石
尺寸：石长 6cm
收藏：徐秉华

弯弯的月儿隐隐显出，透着淡淡的云翳和水气，寂寥空廊中蕴含着几多愁绪，枯枝萧瑟中又吐露出几许宁静。秋风残月，怎不令人触景生情？

（伍贻禄）

层林初染

石种：南京雨花石
尺寸：石长 6.6cm
收藏：徐秉华

金色的池塘边，夏末的青枝绿叶显得树茂荫浓，可山顶的绿林已初染秋色，点缀的红叶更显斑斓，一缕阳光穿过山间，使背景如烟如雾而顿生纵深感。此石此景靓丽夺目，透润耐品。

（徐秉华）

龟宝宝

石种：内蒙戈壁玛瑙
尺寸：3.2×2.1×2cm
收藏：徐燕武

仅三公分的内蒙戈壁俏色玛瑙，小品大样，酷似一只刚出壳的小彩龟，探头张望，乖巧灵动，神韵独具。

（徐燕武）

嶂台璞韵

石种：新疆风砺石
尺寸：23×6×10cm
收藏：殷家夫

平岗高崮，气势沉稳。危壁峭岩，意境雄奇。平顶垒出，变化渐进。石质润以玉洁，太阳锈以斑驳。平顶山可玩，此是一例。

（殷家夫）

古猿

石种：内蒙沙漠漆
尺寸：6.5×7×5.5cm
收藏：殷家夫

光鲜致密，皮壳老辣，这方不同寻常的沙漠漆，饱满面生动逼真，褶皱处苍朴深邃。每每注视，总有从猿到人的进化思绪，飘飞出唐诗宋词般的标榜，充分诠释了石不能言最可人！

（殷家夫）

悟空

石种：安徽灵璧纹石
尺寸：20×36×22cm
收藏：栾永军

灵猴占山，无法无天，犯上作乱，惹怒玉皇，重压于山底。为助唐僧西天取经，佛祖解禁，赐一僧帽，法号悟空。然猴眼怒睁，仰望苍宇，鼓腮抿嘴，想必尚未悟透佛心禅空之深意，深怕欲言妄辩，重蹈覆辙。一副茫然神情的昭然于石，灵亦，神矣！

（刘志成）

米芾拜石

石种：安徽灵璧纹石
尺寸：29×43×26cm
收藏：栾永军

宋代米芾，善书精鉴，颠藏痴石，独具天赋，提出相石四字诀，被誉为“石圣”。

此石含颌低首，背躬腰曲，双手作揖，礼拜以谦。舒缓灵动。其清逸飘洒的纹线，映衬了袍服的华丽、雍贵。广袖博带，神彩飞扬。

石谓米芾形无数，惟此神塑堪称祖。天人互契两相悟，坐拥云根遁空无。

（刘志成）

醉打金枝

石种：安徽灵璧石
尺寸：26×61×17cm
收藏：栾永军

相传唐朝升平公主下嫁名将郭子仪之子郭暧，不改金枝玉叶的作派，且不尊公婆。郭氏借酒壮胆，饱以公主一记耳光，最终以皇帝调停，相好如初。

眼前一石，头戴官帽，身着宽袍，高举手掌，活现“打金枝”戏曲场景。

（刘志成）

南海观音

石种：福建九龙璧
尺寸：33×33×18cm
收藏：高琦

九龙璧偶见图纹石，图纹石偶见凸纹石，凸纹石少见神道人物。此方观音，形象生动，主体突出，对比度好，形成难度极大，堪称逸品。

（枕石）

玉峰

石种：广西大化石
尺寸：70×70×33cm
收藏：高琦

水洗度佳、玉质感强的大化石，一般难出奇形。此石如一峰突兀，难得的是中间还收腰入窄，似危危欲堕，却大气凛然，形成难度极大。

（枕石）

梦回桃花源

石种：内蒙沙漠漆
尺寸：30×26×18cm
收藏：高琦

沙漠漆，以质色取胜，一般少见奇形，更难出洞穴。此石宛如奇山兀立，中间一洞天幽深景远，引人入胜，令人想起了陶渊明《桃花源记》的名篇。

（枕石）

鸡的一家子

石种：内蒙戈壁石、新疆彩玉组合
尺寸：左 12×10×8cm　中 11×10×7cm　右 5×4×3cm
收藏：高琦

质、色、形、纹俱佳的三方鸡石，一公、一母、一子，组合精心，呈三角形排列，色彩搭配和谐，配置精到、顾盼有神、其乐融融，堪称组合石中的经典之作。

（枕石）

凤凰传奇

石种：葡萄玛瑙组合
尺寸：凤 30×65×20cm
　　　凰 50×55×22cm
收藏：高琦

葡萄玛瑙难出象形物，更难出组合象形物。此组凤凰比例和谐，颗粒饱满，神态生动，雍容富贵，神完气足，堪称绝配。

（枕石）

（反面）

（正面）

紫玲珑

石种：河南太湖石
尺寸：45×66×26cm
收藏：高琦

太湖石以瘦、皱、漏、透为欣赏标准，此方石头，堪称完美，云头雨脚造型极为经典，特别是这样的紫绛红色十分罕见。

（枕石）

拜石

石种：安徽灵璧石组合
尺寸：左 15×30×15cm　右 17×13×6cm
收藏：高琦

米芾拜石组合，是小品石组合中的经典范例。此组灵璧石组合，体量不小，搭配难度极大，拜石与人物各具神采，比例和谐，尤其是米芾的作揖状，堪称一绝。

（枕石）

天脊

石种：广西来宾卷纹石
尺寸：55×19×28cm
收藏：高琦

仿佛是世界遗产之一的云南元阳梯田，纹理层层叠叠，顺势排列，极为有序，线条流畅，富有韵律之美，观之令人心旌摇曳，荡气回肠。

（枕石）

高峡平湖

石种：广西三江鸡血石
尺寸：96×76×72cm
收藏：高新村

有一种美叫极简之美。此石质地润泽，色彩古雅。简练的线条、简洁的造型，勾勒出自然山水别样的美，诚如山水画常以最精炼的笔墨，描绘出最动人的画卷一般。此石配以高脚底座，愈发衬托出高峡的雄浑、平湖的静谧。

（范垦程）

金字塔

石种：广西大化石
尺寸：120×96×66cm
收藏：高新村

古埃及法老为百年之后成神，便修建金字塔作为上天之梯，又称“层级金字塔”，其锥体表示对太阳神的崇拜。此方大化石造型颇似金字塔，形成难度很大。石之奇也，天造神创、人所不及；石之珍也，足不出户、睹物思景。得此尤物，幸哉！

（刘志成）

意出象外

石种：广西大化石
尺寸：130×130×66cm
收藏：高新村

大化石为石中贵胄，其玉质莹润，色艳华贵。此石首先映入眼帘的是彩云舒卷、华饰缠绕的头下，露出一张蛋清秀逸的脸庞．虽五官未现却撩人遐想，激发起观者的形上之思，别有一番情趣。

（刘志成）

骨立孤傲

石种：江苏昆石
尺寸：70×80×50cm
收藏：高新村

昆石，以纤巧、娇小居多，体型硕大、雄强者稀少。眼前集鸡骨峰、海蜇峰为一体，奇窍穿洞、峰峦罗列，骨立孤傲、雄浑奇强，形态丰满健硕，兼具清秀浑厚于一身者，实属弥珍。

（刘志成）

聚财

石种：广西来宾石胆石
尺寸：36×30×25cm
收藏：唐大璋

聚五洲财，纳天下福。
（唐大璋）

昭君出塞

石种：贵州乌江石
尺寸：23×31×19cm
收藏：唐大璋

晓明大义去和亲，
不为朝廷为黎民。
力化干戈为玉帛，
一女胜顶百万兵。
（唐大璋）

仙云出岫

石种：南京雨花石
尺寸：石长 8cm
收藏：唐家骅

此石黑白两色，墨色素雅，似一幅充满灵性的山水画。宋代诗人徐玑《过九岭》曰：

断崖横路水潺潺，
行到山根又上山。
眼看别峰云雾起，
不知身也在云间。

（钟陵强）

海底世界

石种：南京雨花石
尺寸：石长 8cm
收藏：唐家骅

成片的珊瑚海礁在海底堆砌，阳光透过海水照在一丛丛珊瑚礁上，天光晃晃，礁岩斑驳，就像一幅色彩厚重的油画，给人以玄远幽深的视觉感受。

（钟陵强）

梦幻月亮城

石种：南京雨花石
尺寸：石长 4.7cm
收藏：唐家骅

赤橙黄绿青蓝紫，
石上流光正徘徊。
半轮弯月悬空碧，
一江薄雾冉冉起。
烟花扬州夜景美，
引得游客蜂涌至。
窗里窗外隔静动，
托出梦幻月城迷。
（唐家骅）

敦煌遗梦

石种：南京雨花石
尺寸：石长 6.5cm
收藏：唐家骅

斑驳的壁画，岁月褪去了色彩，风沙磨损了线条，但破壁残画中仍渗透着慈爱众生的敦煌遗梦。
（钟陵强）

西游途中

石种：南京雨花石
尺寸：石长 6cm
收藏：曹春杰

此石形圆色润，玲珑剔透，景中大圣取水，唐玄奘拜佛问路，八戒牵马，沙僧息担静候，俨然一幅西游彩墨山水画面。

（曹春杰）

层林尽染

石种：南京雨花石
尺寸：石长 5.8cm
收藏：曹春杰

林木疏影，
层峦叠嶂，
一抹彩霞当空罩，
方晓秋意渐浓。

（曹春杰）

雨涤灵洞

石种：广东英石
尺寸：29×30×15cm
收藏：崔建海

此英石肌肤嶙峋，沟壑纵横，颇似山水画中的乱柴皴，其白色石筋散落石体，如雨涤灵岩，泉流百重。石上一扁圆天眼，更添石趣。透过天眼，能洞穿俗尘，遥望仙境。

（钟陵强）

成语演绎

石种：内蒙戈壁石组合（小品组架）
尺寸：架 75cm×66cm
收藏：章国江

吉祥祈福

石种：内蒙戈壁石组合（小品组架）
尺寸：架 130cm×75cm
收藏：章国江

微观奇石组架是藏家自创的一种赏石艺术形式，融大石之风度，小石之灵秀，汲取了姊妹艺术的营养，以独具匠心的构思，形成了自己的风格和创作理念。石随人意，量体裁衣，使小品石群体焕发出独特的艺术魅力。（钟陵强）

百石之尊

石种：安徽灵璧石组合（小品组架）
尺寸：架 75cm×70cm
收藏：章国江

经典传神

石种：内蒙戈壁石组合（小品组架）
尺寸：架 130cm×75cm
收藏：章国江

玉山瑶台

石种：广西白蜡石
尺寸：38×26×23cm
收藏：彭万里

石，白得纯净，白得鲜润，白得素雅，白得动人；座，设计制作精良，与石烘云托月，相得益彰。人生，不也该这样简洁、清白、脱俗、意趣高远吗？

（范昼程）

暗香疏影

石种：四川雅砻江石
尺寸：10×13×6cm
收藏：彭志杰

盈圆秀出雅砻江，
灼灼白银添盛妆。
月落星消疏影著，
朦朦夜色淡飘香。
（谢礼波）

清供

石种：广东英石
尺寸：27×12×9cm
收藏：彭志杰

春有花，秋有月，夏有凉风冬有雪。一段史，两节书，若有得失不必痴。

你已老，我已老，前方况味知多少！记下，昨日朝霞，画幅留窈窕。

（彭志杰）

俏立云

石种：安徽灵璧石
尺寸：67×160×40cm
收藏：蒋仁康

石体漆黑，质地细密，叩之铿锵；石身瘦长，巧布洞窍，石见多洞，洞美贯通，洞中套洞，三洞穿孔。

彬彬有礼似拜石，击之鸣声飘乐曲；与石交流听她“云”，静赏立石最可人。

（蒋仁康）

伏虎罗汉

石种：内蒙沙漠漆
尺寸：20×30×11cm
收藏：蒋红卫

亿万年后立地成佛，专侍佛祖，威名伏虎罗汉，又称弥勒尊者。

（蒋红卫）

梅花桩

石种：内蒙戈壁石
尺寸：11×12×7cm
收藏：蒋红卫

少见的戈壁老皮子，凸现的粒粒饱满肌理，仿佛漫天飘洒的梅花朵朵。遥知不是雪，却有暗香来。

（枕石）

长城玉玺

石种：广西来宾卷纹石
尺寸：16×26×16cm
收藏：蒋顺元

此方纹石形似玉玺，四面形纹差异较大，主题明显，特别是主面卷纹内容丰富，有较突出的文化韵味。粗看玺顶似远山起伏，玺根有汹潮劈水。细看其纹理，凝视其境界，则映见万里长城叠壁延绵和群山屹立之伟岸雄壮。

（蒋顺元）

金棒灭假

石种：甘肃庞公石
尺寸：33×53×23cm
收藏：蒋顺元

《西游记》第五十八回，假悟空六耳猕猴被如来识破，被金钵罩住，悟空怒杀之。从此悟空更明玄理，战胜自我，铸就西天路上的擎天之柱。
（蒋顺元）

雪域之魂

石种：西藏墨碧玉
尺寸：60×38×33cm
收藏：裘伟明

雪凝洪荒越千秋，
域疆盖冠画九州。
之古尧舜道于今，
魂悸魄动耸玉峙。
（求石）

寿桃

石种：广西三江石
尺寸：45×50×35cm
收藏：裘伟明

闭牖读书长年纪，卷帘赏石添天地。
轩藏一枚红寿桃，感恩王母赐祥吉。
（求石）

十八罗汉

石种：贵州盘江石
尺寸：20×20×8cm
收藏：裘伟明

释家罗汉住世间，护持证法涅　鉴。
六根清净皆我佛，喜怒哀乐称石仙。
（求石）

倩影

石种：内蒙沙漠漆
尺寸：11×13×8cm
收藏：蔡金山

沙漠蕴珍奇，
天地共造诣。
简笔绘倩影，
泼洒黄金漆。
（蔡金山）

陆俨少画意

石种：南京雨花石
尺寸：石长 13.8cm
收藏：蔡哇

石面呈现出的山岚气韵，如行云流水。墨线色斑，与现代海派画家 陆俨少的画风天人巧合，令人称绝。

（钟陵强）

古画意

石种：南京雨花石
尺寸：石长 4.1cm
收藏：蔡哇

黑如蜡笔，
金色山水。
拙古空灵，
凝重精邃。

（蔡哇）

范宽画意

石种：南京雨花石
尺寸：石长 11.7cm
收藏：蔡畦

此石画面颇有范宽《溪山行旅图》的画意，对视良久，似身入山中。正如王安石诗曰：

终日看山不厌山，
买山终待老山间。
山花落尽山长在，
山水空留山自闲。

（钟陵强）

韩熙载夜游图

石种：南京雨花石
尺寸：石长 4.5cm
收藏：蔡畦

熙载夜宴后，
乐而兴未了。
携姬湖边游，
月下遣良宵。

（蔡畦）

黑的韵味

石种：新疆风砺硅化木
尺寸：25×15×8cm
收藏：臧德虎

漆黑油亮的山岩，洁白闪亮的积雪，强烈色泽反差，展现出一派层岩窈窕、雪融于山之景致。幽寂简约，美色尽现。歌德说得好，美就是“事物的各部分肢体构造都符合它的自然定性”（《歌德谈话录》）。这里的“自然定性”，即真实的自然状况。此石便是。

（范垦程）

聚宝盆

石种：马来西亚梨皮石
尺寸：145×146×90cm
收藏：翟永琴

一方来自域外的梨皮石，异国风情扑面而来！该石形体饱满，弧线优美，皮壳厚实，光洁如洗，色泽艳丽，炫眼夺目，纳日月之精华，含天地之灵气，极具富贵之气、聚财之意！

（范垦程）

大峡谷

石种：广西梨皮石
尺寸：220×238×195cm
收藏：翟永琴

有道是：觅石形须怪，为人品欲高。此石形状诡谲，巧胜奇趣，景致幽深，其势可叹，颇具大峡谷之神韵。值得一提的是，此石突破了山形景观石的一般模式，足见藏者眼光之老到。

（范垦程）

五湖四海

石种：内蒙戈壁石、广东英石组合
尺寸：板长 33cm
收藏：潘继惠

各色戈壁石，壶中有天地。
茶迎四海客，香飘千万里。
（枕石）

白头偕老

石种：新疆蛋白石
尺寸：17×15×11cm
收藏：潘继惠

该小品展示的是一种天趣，一种境界，给人一种回味无穷、美不胜收的审美感受。

（潘继惠）

威武

石种：内蒙戈壁石
尺寸：20×24×12cm
收藏：薛云生

取美名，威武狮，民崇威武舞狮子；精选石，酷肖狮，神似狮鼻巧狮眼；赞狮头，灵活身，浑然一体威武狮。

（蒋仁康）

金刚鹦鹉

石种：内蒙戈壁玛瑙
尺寸：24×27×12cm
收藏：薛云生

金刚鹦鹉珍贵，少见静卧鹦鹉；低鸟首微闭眼，合鸟喙正打盹。石纹媲美鸟羽；石座添美奇石，品座卧鸟尾羽。

（蒋仁康）

千里之行

石种：内蒙戈壁石
尺寸：22×16×10cm
收藏：薛云生

选适脚鞋，美千里行。此鞋适合人脚型，鞋底可见人脚弓；半高鞋帮瘦脚身，中间皮带收缩鞋。鞋另名“履”，履历喻走；千里之行，走美履历。

（蒋仁康）

王者风范

石种：内蒙戈壁石
尺寸：连座高 19cm
收藏：薛云生

赏石玉卧虎，赞虎王者风。山崖美蹲虎，“蹲虎”“小篆”虎。石座显漂浮，联想嵊泗岛：灯塔虎啸声，王者显国威。

（蒋仁康）

欢唱

石种：内蒙戈壁石
尺寸：高 12cm
收藏：薛云生

迎接黎明鸟，立鸟美站姿；长喙善鸣唱，婉转声清脆；善飞健鸟胸，欲飞待展翅。

（蒋仁康）

赏石感悟

观赏石好比是一部『无字天书』，其中既寓含有宇宙的信息、地质的奥秘，又包含有艺术的想象、审美的感悟。人有多深，石就有多深。赏石便是一种天人合一之体验和领悟的过程，通过配座、演示、命题、赏析这一系列『美的历程』，使得石头由自在之物演变成为『有意味的形式』。这其中的咸淡甘苦，非亲历者所不能感，唯精深者所能悟。

天公妙品，石魂天华，看看读读，幸福快乐。

美好生活，源于自然，源于学习，来自梦想，来自创新。

—— 丁荣铨

赏石其实是有规矩的，几千年来，传统赏石一直把“瘦、皱、漏、透”作为赏石规矩，这是对形的规矩。但是，平心而论，“瘦、皱、漏、透”概括不了形的内涵，形的内涵太丰富了：云头雨脚是形，圆润饱满是形，具象抽象是形，奇崛多姿是形… 什么样的形才好，规矩又在哪里，概括说，它全在艺术词典里，在美学规律中…

—— 丁顺兴

奇石的意义在于对人生艺术的内涵发现与表达。

—— 王万东

了解奇石，就是了解自然世界。

—— 王卫

石头是天地，石头是世界。

—— 王永奎

石小含乾坤，一石一世界，世间万象沁石间。由石寓意而感悟人生、品石行德，此乃玩石之初心。然石之大气，容大天下；石之正气，刚正不阿；石之雅气，宁静致远。苍天赐石，玩之古今。赏古典之意韵，品现代之风格，玩融合之精华。

—— 王宏

大美无言，大爱无边，造化奇石，卓功在天。人居石中，石成人先，相依相伴，永结情缘。奇石是一种充满玄机的发现艺术，赏石是一种博大精深的文化活动。爱石赏石能培养人的坚韧与豁达，磨砺人的意志与情操。石不能言最可人，石可人时即能言。

—— 王国俊

赏石是一件非常有意义的文化活动。人靠衣裳马靠鞍，好的石头必须要有好的几座来陪衬。而要设计出好的石头底座，就必须把石头品透读懂，就必须拿出真功夫、真材料来精雕细琢，从而使奇石更加完美，使底座更加倩丽。我爱奇石，也更爱为奇石配座的这门艺术。

—— 王国祥

石文化是人类文化开山之祖。

观赏石文化是大通文化、跨届文化，也是重情文化。

—— 王贵生

我之所以爱石，原是为寓一方山水于书案，更且因东坡词：“君看道旁石，尽是补天遗”而倍感天恩浩荡；又为普陀山上的一副对联“一日两度潮，可听其自来自去；千山万重石，莫叹他无觉无知。”而惊其通灵无比。

赏石之得在于豪纳天地间的精气神于家中静修或静品，少了尘世的喧嚣和烦恼。

—— 石珏

石艺取乐，童心添寿。

玩可励志，赏则分享。

—— 石童

顽石天造本无意 ，意乃人为索清味，味中取乐修闲心，心逸神怡养情性。以石媚道撷乐。

—— 史解源

我与奇石结缘，始于偶然、终于今生。回想几十年的人生际遇、商海沉浮，均已成为过眼云烟。唯有喜石、觅石、赏石到藏石之情，至今永铭于心、矢志不忘。但愿吾之子孙后人，也能与“精美的石头”结下永世善缘。

—— 丘庆烨

奇石具有知识性、科学性、趣味性。

—— 朱玉明

酷爱大自然的美——奇石是我的最爱！

—— 朱晓华

是什么让我们感动？是这一块块顽石上的一片皱褶或一段曲线引起我们的感情共鸣；它让我们思绪万千，它让我们荡气回肠；它把亘古的历史瞬间拉近到我们的眼前，让我们欢喜、忧思、冥想。

石头引发我们无限的遐思，激发我们无穷的创造力，它让我们沉迷其中，不能自拔。

—— 伊德奎

观天然之美，赏人文之妙，象形奇石鬼斧凿，图纹奇石神笔绘。诚交天下朋友，喜结爱石同好，空时上山下河找，闲时品茗论石道。居无石不雅，家有石才俏，奇石满堂娇，好运多欢笑。

—— 刘连伟

玩石是个学习的过程。因为奇石是大自然的精灵，天地间的舍利，它贵在天成自然。常与石友一起切磋石艺、交流心得，不亦乐乎！更应当透过自然之美悟其精神内涵，并从中汲取修养之道，处世之道，奋斗之道，将奇石品质转化为我们的人格魅力。其实，玩石的过程就是追求真、善、美的过程。

—— 江正富

赏石文化是一种高雅文化，是中国传统文化特有之精髓，“东方文化”石养人、养心、养文明。

——许长海

人道石道，以石悟道；人缘石缘，以石结缘。

——孙永祥

上海人玩石不论石种和地域，只要好玩就行，但要有形有质有色，不跟风有自己的独到之处，多交流多吸取别人的长处。小品要有自己的特色，只要有意境，有韵味，能突出主题，就是好作品。

——孙宝富

观赏雨花石，品悟人生路。玩石，增乐，长智，添寿。

——杜宝君

博古人生无所他求，自得其乐石能下酒。

——杜海鸥

上天创造了色彩缤纷、形态各异的观赏石。历代石客浪迹江湖寻寻觅觅的赏石历程，造就了这门天人合一的艺术。象形石之神韵，景观石之意境，抽象石之空灵……莫不就是我辈石客孜孜以求的赏石境界吗？石如其人，赏石风格往往是赏石者个人修养及品位的写照。

——李灵山

人贵在德，石贵在品。

——李建伟

赏石赏景赏艺术，品石品茶品人生。

——李振勇

海纳百川，广交石友，科学赏石，精彩人生。

——杨松年

雨花石是世界第一美石，吾爱石、赏石，扬美大众，寓教于乐。

——吴浩源

玩赏奇石，陶冶情操，健身强体，延年益寿。

——邱振培

心悟奇石，石中乾坤。将石之灵、石之魂，灵犀而成唯美之高雅艺术。

——何菊梅

品酒赏石照肝胆，真言汗青留情义。

——何卉

玩石，无需学识渊博，喜欢就行；觅石，无需腰缠万贯，俯拾便得；藏石，无需深宅大院，案头几角便可。

赏石廿余载，每方藏石都有情、有戏、有故事，已成为我生活的一部分。此可谓“思石得石处处石，偷闲便闲日日闲。”

——邹建平

不要以为只有人是有生命的，当你读懂它时，每块石头都与你的思想灵魂相亲相连，它有历史、有记忆、有语言、有思想，它就是你可伴随的爱人，直到生命的黄昏……

——汪倩

唯天然，唯精灵，唯诗意。

——沈建民

观赏石是“无声的诗，立体的画”。以石会友，以石交友，赏石活动让我得到了艺术熏陶，拓展了知识面。研究、收藏观赏石给我的业余生活带来许许多多意想不到的乐趣。

——张义德

赏石文化的妙道在于应物生象，应物而雅，应物而贵，应物学修，悟者自得。正如庄子所言：“乘物以游心，独与天地精神往来”。唯有顿悟契合天地，“心、身、道”一体，蒙昧即除，生得欢喜心。

——张建宇

儒家重视素淡、稳重；道家重视宁静、自然。赏石中我重视石的禅意，感悟石人合一的美。

——张永明

以石为君，警检德品。人石合一，颐养延年。

——张伟义

爱其静处不声张，
观其灿烂如晨旭，
天生丽质众人赏，
成功秘笈伴玉石。

——张旭

要有目标，善于发现，贵在坚持。以石为友，扩大眼界，乐在其中。

交流鉴赏，心情舒畅，增强体质。老有所乐，鉴赏寓情，玩物增智。

充实人生，创造财富，留于后人。凡事随缘，得之淡然，失之泰然。

——张荣山

吾师心，心师目，目师华山。（明·王履）

——陆建新

以石会友，石友共乐。展石扬艺，艺美人间。

——陆祥明

玩石赏石，增加生活乐趣，提高文化品味，还能促进身体健康，广交朋友，其乐无穷。

——陈志高

读懂石头，发现石头所表达的故事，并赋予其含义，才能感受赏石中的趣妙引思、意蕴深远的意境。

——陈时洪

选择精美奇石的过程恰如“选美”：形状不错的奇石，犹如一位五官、身材均不错的佳人；质地很好的奇石宛如佳人细腻的皮肤；皮色不同的奇石恰如不同肤色的人种；而皮色悦目的奇石犹如一个人的气色——白里透红，由内而外的美丽；奇石的韵恰似高人的气质乃至气场。

——陈鸣

不经意与石遇相见恨晚，誓不分离。细雨飞石市闹，相约知己，捡漏拾遗。空手不肯踏归路，不知夜归时。寂寞时，亲近她听她低吟浅唱。孤独时，阅读她并与之窃窃私语。拥有她就拥有千山万水，失去她不知何为珍贵。

——陈敏强

神游万里觅雅石，掌中赏玩舒豪情。

——陈瑞枫

人悟石，石感人，人石有缘伴今生。石中禅意深，堂上文章多。

——陈键

玩石者都是以天为敬、崇尚自然、渴望回归之人。深入解读和感悟所拥有的奇石，是其人生之追求和生命之梦想。但要发现石之美、石之内涵、石之背后文化，玩石者则必须怀有探索精神、批判态度与判断能力。这是玩石的真道理。

——范垦程

每一块石，本身就是一部地质史的千古传奇，就是顽强的象征。中国古代爱石、赏石，并留下千古名篇的赏石家，都是深语赏石真谛的人。中国人对赏石的观照，不仅仅只是在美学上，而是已升华到了哲学观、宇宙观。

——金保铜

形、质、色、纹是底线，“不可能”是目标。时光沧桑真性情，人石呼应是缘分。

——金嘉仕

观世界多少奇珍异物，赏人间无数精美器具，唯奇石令我痴迷如醉。

——周长兴

赏石文化是中华民族传统文化的奇葩，根植于传统的儒、释、道，包含着我们先人的智慧和对世界的认知和向往，传统的赏石观是映射在天人合一的宇宙观背景下的，是精神的、哲学的、形而上的。我们应当在文化大发展、大繁荣的时代背景下，将其注入时代风貌，使之丰盈，并得到更好的传承、弘扬。

——周军

赏石的核心是石文化。不注重研究、学习石文化，是很难掌握赏石的精髓的。

选石头要靠“八字诀”，即“瘦、皱、漏、透”和“质、色、形、纹”，这是前辈留下的宝贵的理论和经验。

重视对底座的研究。好的底座往往可以使石头扬长避短，亦即突出观赏面，弱化不足面。

——周明章

石文化＝石头＋文化，没有石头的文化不是石文化，没有文化的石头只是块石头。

一块石头的文化是该石特有的人文精神与自然内涵。

——周易杉

生在玩石之家，从小受父亲的耳闻目染，让我与奇石结了缘。与石为友，尊石为师，是爱石者共同的心声。有心在自己钟爱的赏石艺术园地里耕耘一辈子，为弘扬中华赏石文化作不懈努力！

——周峥嵘

赏石是无声的学习，使人趣味睿智；
赏石是独特的享受，使人轻松快乐；
赏石是开阔的心胸，使人随缘自适；
赏石是恬静的心境，使人宽心知足。

——周勇

石如天书亦能读，好似诗书皆可鉴。

——孟宪东

石小天地大，品高味自浓。

——孟宪经

每每得到一方奇石总是夜不能寐，恨不能抱石而睡，枕石而眠，难怪有人自诩为抱石、枕石。

奇石之美，纵然搜肠刮肚，千言万语也难以言表。

天工万物，最美奇石。

——赵国屏

石。可以清心，令人愉悦。石与人相亲，趣味无穷，修身明性。石，外润内敛，超然度外，静安如潭。以石会友，清雅而不孤傲，朗逸而不飘摇。玩之能添雅韵之气。

——赵钟慎

石头再多终究是天下人的，但从中所得的感悟和快乐是自己独有的！

——赵德奇

继承传统，师法自然，博采众长，发扬光大。玩石者要从文学、诗歌、书画、音乐、舞蹈及地理矿物学等诸多学科中汲取养料，用以提高自身的艺术素养。

——胡丰明

赏石愉悦心情、增加知识。

——柳国兴

人生有涯，石无涯。奇石为我开启了一个奇妙的世界，它丰富了我的人生，淬炼了我的心性，给了我力量，使我在追梦路上，一路前行，收获满满。

回望人生，是奇石启迪我，做人要实在，做事要踏实，赏石养德，守正出新，为了实现心中的梦，矢志笃行，一往无前！

——钟陵强

石器，让人类告别了童年。

石玩，让我们回到了童年！

——俞莹

大自然经过亿万年地质演变，造就了千姿百态的天然奇石，其中蕴藏着无数的历史、自然、人文信息。一旦爱上奇石，便会使人有无限的遐想、心旷神怡……静心至诚对奇石进行阅读，能感到奇石的无穷魅力。

——施刘章

历代赏石可归为小、中、大三类理念。小赏石理念研究石本身特点等。中赏石理念是石与人类活动、环境相关的理念。大赏石理念是哲学层面的。三者可形成中国赏石理念体系。

——宦振宏

山水之乐不是依赖山水来逃避现实，而是从山水中体悟到超脱自得的心境。把自己的心暂时放逐出去，在山水中体验“与物同体”，从而在再次回归自己的内心世界时获得一种超然的快乐，借助山水之灵，人在其中体悟大道，人的命运得以峰回路转，且人与自然共生……

——费正道

藏石何须大。真的收藏，绝不以大小论“英雄”。成功的收藏，不以藏品大小为界，而是以其文化深度、数量稀珍为要点。成功的收藏，不以此作粉饰装高雅，而是以石悟道提高自己、愉乐自己。奇石收藏，不以大小论高低，我们应取正确的收藏态度，将爱好做好。

——秦明兴

石——代表着坚固和灵性。

喜石、觅石、藏石二十多年，在欣赏、探求、敬重大自然鬼斧神工般的造化中，深得石品之真谛。

寄志载道——石之坚定的意志。

怡情化人——石之牢固的友谊。

——顾卫东

藏石冶心，雨花传情。

——钱自良

主张“石”事求是，全息赏石。以健康积极、乐观向上的正能量历练内心，以友善包容的文化自信广交石友。

——钱学武

今有探石者，自幼喜欢捡石扔玩。渐长大，喜石之心不减，遇石不论大小石种，唯养眼者即收藏。

——倪国强

奇石能成为赏石，是由人发现、创作的心造历程；在赋予奇石艺术生命的过程中，作品有高低，心境无对错。离开了稀缺的“唯一”便一文不值。

——徐文强

石伴人一生，人伴石一瞬。

——徐林林

兴游于名山秀水，经常带回石头留作纪念。我也在赏石过程中，寄托了对山水的留恋情怀。

——徐忠发

用心悟石，品石养心。

——徐秉华

淘石、赏石、藏石，需要理性与审美各个方面的积累，它是自然、文学、美术、哲学等各个方面知识的综合体现。对于雅石收藏，我秉持和追求“见好就收”和“文房雅件”理念。

——殷家夫

二十余载，独钟灵璧白马纹石，深为其行云流水、回旋逶迤、吐曜含章之灵性所折服。

若论灵璧石形如神，千姿百态、无所不包；灵璧石质坚似骨，刚正不阿、临风高标。而其纹则为魂魄，柔婉势足，暗合着生命的节律。

若集形、质、纹三者为一体，则堪谓灵璧圭臬，得而幸也。

—— 栾永军

赏石让生活更精彩。

—— 高琦

崇尚自然，力求完美。

—— 唐大璋

与雨花石初缘于60年代，90年代与这些“小精灵”又一次邂逅，如梦初醒，一发而不可收。自编《花雨映晖》藏石集，寄托了我对伟人的无限缅怀和对生活的无比热爱。美石是我的好伴侣。

—— 唐家骅

石品，石风，石魂，石如其人。

—— 曹春杰

因为热爱自然，渴望回归自然。面对每一块独一无二的天然观赏石，从中读到了沧桑，读到了阳刚，更读到了坚韧。与石为友，今生有缘！

—— 崔建海

微观艺术，神韵万千。

—— 章国江

赏石悟道，藏石养德。

—— 彭万里

如果说，从原石到宝石，是一种升华。

那么，从宝石到原石，就是一种归真。

轮回之后，仍觉原石更接地气，更能发散景自天成的想象力。

—— 彭志杰

米芾书似山峰，画创“米家山水”；崇尚米芾论石，赞石“瘦、漏、透、皱”。

—— 蒋仁康

赏石养性、玩石交友。

—— 蒋顺元

形质纹色来浅出，道魂气韵去深入。法于自然形式与人文内涵的对立统一。循之自然发现、环境装置、人文表达之赏石艺术的过程逻辑。于平平凡凡中藏石融汇通达、于诚诚惶惶中学石骨峥气硬、于清清白白中玩石自得其乐。人生短暂，石头恒久，文化有道，艺术无限。

——裘伟明

发现靠知广，情深赖专一。

——蔡畦

玩石经历不仅仅给自己带来了身心愉悦和快乐，更激起我对生活的渴望和追求。抛开玩石之外的附加值，对奇石而言，寄情于此。自己对奇石的热衷和持续，永远是兴趣的存在和永不放弃。

——臧德虎

石的一生布满了大自然的刻痕，充盈着日月精华的灵气。人们在爱石赏石活动中，以独特的艺术眼光去发现大自然的杰作，去品赏观赏石的奇妙，去领悟每方妙品的文化内涵，把自己的思想和艺术融合到天然的艺术品之中，使人在与大自然的交融中赏心悦目，健康心智，快乐长寿。

——翟永琴

寻石、赏石和交流奇石的互动，使我重新找回了生活的乐趣与激情。玩石，让我开阔了视野，增长了知识，给予我不断进取的动力！

——潘继惠

藏家索引

（以姓氏笔画为序）

后 记

《海派赏石大观》经历了三年的发动、宣传、征稿、编撰的运作过程，今天终于付梓出版。这是上海石界通力合作、辛勤耕耘而结出的丰硕成果。

期间，约有近200位石界同仁参与报名，经过甄选，最终有119位藏家的300多件藏品入编。其中，包括若干名外地资深藏家，他们是海派赏石的拥趸者。

在本书编撰过程中，编委会同仁本着要编一本能代表上海石界水平的赏石专著的心愿，在各自分工的工作领域里付出了大量的心血、智慧和劳动。此外，上海盛佳电子有限公司陈立民先生和张旭女士给予协会无私的奉献；上海瑞德美术设计制作有限公司为本书的装帧设计精益求精，倾注了心力；上海人民美术出版社对本书的编审工作提供了细致的、专业性的指导，保证了本书的质量；上海雅昌艺术印刷有限公司以追求卓越的工匠精神，完美地完成了本书的印刷、装订工序，方使《海派赏石大观》能呈现如此雅赏精致的风貌，在此，我们一并表示衷心地感谢！

对本书在征稿、编撰、出版过程中给予协会关心、支持的石友们，我们也表示深深地谢意！

尽管编委们殚精竭虑、尽心尽力，但由于水平有限，书中难免存在疏漏和不妥之处，与广大石友的厚望可能存在一定的差距。诚请各位方家不吝指教，以使我们今后的工作能更上一层楼！

《海派赏石大观》编委会

2017年8月

图书在版编目（C I P）数据

海派赏石大观 / 上海市观赏石协会汇编. -- 上海 :
上海人民美术出版社, 2017.8
ISBN 978-7-5586-0503-1
Ⅰ. ①海… Ⅱ. ①上… Ⅲ. ①观赏型一石一上海一图
集 Ⅳ. ①TS933.21-64
中国版本图书馆 CIP 数据核字（2017）第 212623 号

海派赏石大观

编委会主任　徐文强
主　　　编　俞　莹
责 任 编 辑　戎鸿杰
出 版 发 行　上海人民美術出版社
装 帧 设 计　伊德奎
电 脑 制 作　张婷婷
印　　　刷　上海雅昌艺术印刷有限公司
开　　　本　889×1194mm　1/16
印　　　张　22
版　　　次　2017年9月第一版　第一次印刷
印　　　数　0001-2000
书　　　号　ISBN 978-7-5586-0503-1
定　　　价　398.00元